科学全知道系列

这就是
物理

［韩］金永珉◎著

［韩］朴妙光◎绘

千太阳◎译

吉林科学技术出版社

物理很简单，也很有趣！

你们好！

我是"阿尔伯特·爱因斯坦研究所"教物理的金永玳老师。2000年的时候我在教了孩子们四十年之后退休了。瞧，我现在可是头发花白的老爷爷了。是啊，因为我大半生都在做物理研究。阿尔伯特·爱因斯坦研究所是我退休两个月之后创建的，是为了和爱好物理的小朋友们交流而设立的有趣的科学教室。

很多人都跟我说，教了孩子们四十多年该休息了。这时我总是这么回答："活到老，学到老。再将我所知道的物理知识教给别人，这是多么有意义的事啊！"

物理听起来好像很深奥，其实是很有趣的。好东西一定要跟大家一起分享。我想送给你们这个叫作物理的有趣玩具。

如果能玩好这个玩具，就真的可以成为像爱因斯坦一样伟大的科学家。

孩子们第一次见到我常说这样的话：

"老师，物理是什么？"

"老师，物理太难了，想想都头疼。"

许多孩子虽然并不知道物理是什么，但只要听到"物理"这个词，就认为很难懂。所以，我写了这本书，想让你们知道，其实物理是很简单、很有趣的一门学问。

生活中的所有力、运动，地球和宇宙中发生的事情都是物理。看了这本书之后，你们就会很轻松地掌握这些知识，了解最基本的物理常识。

而且，你们也会像我一样喜欢上物理的。

目 录

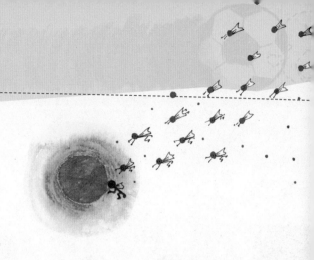

爷爷，
物理是什么呢？

你想成为科学家吗？

　　你们好，孩子们！我是金永玳爷爷。前不久，我还是给上大学的哥哥姐姐们讲物理的老师。现在我年龄大了，已经退休了。

　　从今天开始，我就要和你们一起做有趣的科学功课，把热爱科学的孩子们都培养成伟大的科学家。今天是跟新来的孩子们见面的第一天！

　　"这次，会跟什么样的孩子们一起学习呢？"

　　一到约定的时间，教室门开了，孩子们蜂拥而至。其中一个眼睛明亮、个子小小，看起来非常聪明的孩子说道："爷爷，这是学物理的教室吗？"

　　"是啊，赶快进来吧！"

　　看着孩子们的脸，我的心跳开始加快。见到新面孔的时候，谁都会有这种兴奋的心情！

"爷爷，您是谁啊？"那个眼睛明亮、个子小小的孩子好奇地问道。

"我？我是从今天开始要教你们物理的老师。"

"您好，我叫辛敏基。我来这里有个愿望，我想成为像爱因斯坦一样伟大的科学家。老师长得就有点像爱因斯坦呢，嘻嘻！"

"哇，真的好像啊！"孩子们高兴得鼓起掌来。

哈哈，孩子们看我花白卷曲的头发，就会想起爱因斯坦。其实，我也喜欢爱因斯坦。但我还是装作不明白

的样子，问敏基："你为什么喜欢爱因斯坦呢？"

敏基刚开始还有点儿犹豫，但是马上大声地回答："爱因斯坦是天才，还获得过诺贝尔物理学奖。"

"是啊，我也喜欢爱因斯坦。但不是因为他是天才，而是因为他有与众不同的想法。伟大的科学家一定要对人们认为理所当然的事情提出疑问。"

敏基静静地听我讲完，然后大声说："那么，我也有自信成为一名伟大的科学家！"

"哦，是吗？"

敏基回答："我平时总爱问一些无关紧要的问题，经常被大人们指责呢。"

"我很想知道，你提的都是什么无关紧要的问题呢？"我咯咯地笑着，问了一句。

"我最好奇的是这世界上最大的是什么？关于这个问题，我问了好多人，但是人们给的答案我都不满意。唉……"

"我可不认为那是个无关紧要的问题。这世界上最大的是宇宙，但是谁也不知道宇宙到底有多大。希望敏基你长大之后能解开这个秘密。你都能想到这个问题，看来你很有可能成为像爱因斯坦一样的伟大的科学家呢！"

"真的吗？"

孩子们又惊讶又崇拜地看着敏基。敏基用手做出"V"字形，淘气地向大家比画着。

这时，一个小女孩一骨碌站起来。

"老师，我好奇的是这世界上最小的是什么？"

"呵呵，真是个急性子的小姑娘啊。这位可爱的小姑娘叫什么名字呢？"

　　"哦，我的名字叫姜何妮。"

　　何妮用手抚弄着额头前的刘海儿大声地回答。嗯，真棒！比男孩子更有勇气和冲劲儿。

　　"那么何妮，你认为这世界上最小的是什么呢？"

　　"是原子吗？我好像在书上看过，但不是很确定。"何妮用她那清脆的声音回答道。

　　"直到1897年，人们都认为这世界上最小的是原子。但是，现在已经发现了构成原子的电子、原子核，以及构成原子核的中子和质子。最近还发现了构成原子的夸克。夸克小得超乎我们的想象。但是，有可能还存在比夸克更小的物质呢。如果能发现的话，获得诺贝尔奖绝对不在话下，呵呵。"看着敏基和何妮，我开心地笑了起来。

　　"是啊！如果敏基和何妮携手合作，这世界上最大的和最小的就能水落石出了！"孩子们七嘴八舌地说着，何妮和敏基不好意思地羞红了脸。

　　"好，那么让我们再来听听别人的故事吧！"

　　"我叫苏正勋。我也有好多想知道的事。"一个身

材高大的孩子挠着头站了起来。

　　"听说想知道的事多的人，想吃的也多哦。"何妮眨着眼睛调皮地说，孩子们也都拍着桌子笑了起来。

　　"你们不要再笑了！如果你们知道正勋懂的有多少的话，会吓一跳的。他在学校里的绰号可是'万能小博士'呢！"孩子们哈哈大笑的时候，敏基突然生气了，忍不住站起来，为正勋说话。

"哦，是吗？正勋的绰号是'万能小博士'啊？"

"是的。对好奇的事，我总是忍不住寻找答案，所以经常看书或者上网，有时候连吃饭都忘了，肚子总会饿得咕咕叫，于是就拿出饼干乱吃一通了。"

正勋的话又让孩子们哄堂大笑，我也被他那滑稽的样子逗笑了。

"正勋的好奇心还真是很强呢。就因为有像正勋一样好奇心强的人，我们才能知道为什么树上的苹果会落到地面上，而月亮不会落到地球上。"听了我的鼓励，正勋很开心，微微露出了笑容。

"老师，我以后要研究特别难的问题，就是在书上和网上都找不到答案的那种难题。如果我努力学习，解出答案，将来，人们是不是就可以通过我的答案更容易地认识这个世界呢？"

"是啊，就是那样！"正勋的话让我欣慰地鼓起掌来。

这时，用手托着下巴的敏基满脸认真地问："老师，我们什么时候能解出科学未解之谜呢？"

应该怎么回答呢？敏基的提问的确不好回答。

"是啊，现在我们都不知道。但是，如果人们能找到关于宇宙秘密的答案，物理学就没有什么可以研究的了。如果那一天能到来，人们会变得像神话传说中创造宇宙的神一样伟大，也许还可以创造出比现在更丰富多彩的宇宙呢！"

"哇，太酷了！"孩子们都张大嘴、竖起耳朵听着我讲的话。

"让我们设想一下，你们解开了所有的宇宙之谜，可以做自己想做的事情，去自己想去的地方。那么，你们最想做些什么呢？"

……

孩子们突然哑口无言。我微微一笑，继续说道："突然面对大得惊人的宇宙，是不是不知所措啊？因

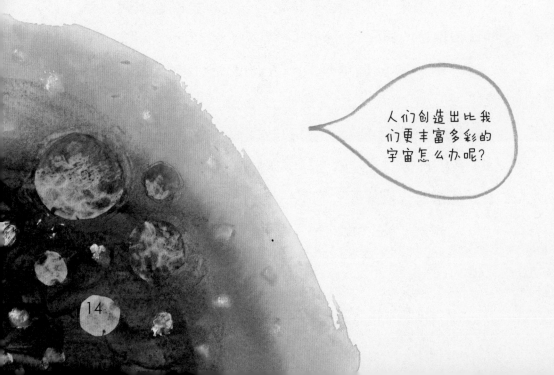

人们创造出比我们更丰富多彩的宇宙怎么办呢？

为如果从宇宙的角度来看，人类要比海滩上的沙子还微小。但是如果从细菌或者病毒的角度来看，人也许像宇宙一样大得可怕。所以，要变换不同的角度来学习物理。现在仔细想一想，如果真的能在宇宙中随心所欲地去自己想去的地方，你想做些什么？"

"想遨游宇宙！"

孩子们洪亮的声音让教室都跟着震了起来。一双双亮晶晶的眼睛闪耀着兴奋的光芒。

很早很早
就有**力**的存在了！

力，使物体运动状态改变

力和运动是什么？

我一有空儿就会到公园做运动。那里空气清新，微风吹过，心情会变得特别好。

公园里的人依然很多。有跑步的、散步的、跳绳的，还有坐在长椅上叽叽喳喳谈话的人。

你问我最喜欢的运动是什么？

我最近对跆拳道特别着迷，练跆拳道能让身体强壮，真的非常有趣。

正在这时，传来了熟悉的声音。

"您好，'爱因斯坦'老师。"

"噢，原来是正勋和敏基啊！你们也来做运动吗？"

"嘻嘻……"正勋尴尬地笑了笑。

　　"老师，您说说他，让他做运动吧。正勋的妈妈说他光吃不动弹，硬把他轰到了公园，但他还是犯懒，就光坐在椅子上。"敏基用手指摁着正勋那鼓鼓的肚子说道。

　　正勋立马吸气把肚子收了回去。

　　"喂，男子汉可不兴打小报告啊！"

　　听着正勋的气话，敏基

哈哈大笑起来。为了让正勋主动做运动，我提了一个问题。

"正勋，你说过你非常喜欢读书是吧？有关科学的书也喜欢吗？"

"当然啦，我真的很喜欢读书。读书可以学到好多知识。特别是有关科学的书，是我最喜欢读的。但是我真的讨厌做运动。哎……"

正勋叹了好大一口气。

"喜欢科学的人不喜欢运动怎么能行？"

"老师，科学和运动有什么关系啊？"

敏基瞪大眼睛问。

"你们和我一起学的是什么科目啊？"

"当然是物理了，怎么会不知道呢？"

"说得对。物理主要研究的就是力和运动。所以，喜欢物理却不喜欢运动，那可不行哦！"

"啊……"

正勋和敏基慢慢地点了点头。但是，看起来没有完全理解我的话。

"好好想一想，运动是什么呢？"

"不就是动动身体吗？踢足球、打篮球、跑步都是运动。"

敏基用清脆的声音回答。

"对，但是，物理中的运动，意思有点儿不一样。"

　　孩子们歪起了头。

　　"怎么不一样呢？"

　　"物理中所说的运动是某物体的位置随时间而变化。广义上说，活动身体也算是运动。所以要多多运动，那样你们就更容易理解物理啦，还会觉得更有趣！"

　　"知道了，老师。"

　　正勋有气无力地回答。

　　"老师，那么我们所知道的力和物理中所说的'力'不一样吗？"

　　敏基眨着眼睛问道。

　　"哎呀，敏基问得好。"

　　我高兴地拍拍大腿。真是会举一反三的聪明孩

哎哟！物体能运动又能停止，这都是我的功劳呢。

21

子啊。

"物理中所说的'力'指物体间的相互作用，可以使物体运动或者改变物体的运动状态。使运动的物体静止的也是力。你们能理解吗？"

"嗯，意思是说力能使物体的运动状态改变吗？没有力就不能使静止的物体运动吗？"

"是啊！"

正勋的话音刚落，我马上就站了起来。

"对，就是那样。看起来现在你们对'力'和'运动'理解得差不多了。走吧，让我们亲身体验一下'力'和'运动'吧！"

"好啊！"

孩子们满脸好奇，欢快地跟我一起走。哈哈，孩子们被我逮到了，乖乖听课吧！

世界充满力

推和拉

"来，正勋，跟我较量一下！"

我做出跆拳道的姿势，还喊了几声，假装要攻击他。

"哎哟！老师，您轻点儿，我力气小。"

正勋微笑着往后退。这时，敏基从后面轻轻推了一下正勋。没想到，正勋居然趴倒在地。

"敏基，你……"

正勋吼了一声，敏基马上拱手做出请求原谅的样子。

"哈哈，敏基的力可不简单啊。"

我朝趴在地上的正勋伸出了手。正勋抓住我的手，我使劲儿一拽他就站了起来。

"唉……"

正勋站起来拍了拍手。

"正勋，你刚刚体会到了两种力，虽然会有点儿疼，但是就当学习了，原谅敏基好不好？"

"嗯？两种力？跆拳道比赛不是还没开始吗？"

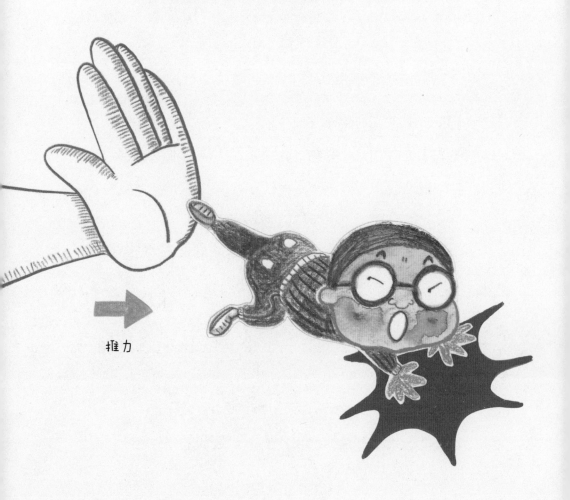

推力

"呵呵，但是关于力的物理功课算是做完了。"

"什么时候啊？老师。"

我看着撇嘴的正勋和敏基，微微一笑。

"孩子们，力的两种，就是'推力'和'拉力'。就像磁铁，既能拉物体，又能推物体。刚刚正勋是因为敏基推你才会摔倒，也是因为我拉你才站起来的，不是吗？所以说，这两种力你都体会过了。"

"这么说老师是拿我做了一个物理实验啊？！"

拉力

"哈哈，这孩子，也不全是啦。"

我拍着沾在正勋衣服上的土继续说："无论什么时候，力一直起作用。看好了。我们现在在地面上站得很稳还不是因为重力和支持力嘛。不管是走，还是跳，都是因为腿部的肌肉在用力。还有，足球滚动和停止滚动也是因为力的作用。"

"哇，这世界真的是充满力啊。"

敏基和正勋像是发现了新大陆一样做出惊讶的表情。看着孩子们这么兴致勃勃，我的精神头也来了。

"嗯，如果是物理学家们写历史会不会这么写：'很早很早以前，力就存在了。'就是说世界刚开始生成的时候就有力了。就像你们所说的，世界充满力！"

"哇，真的有可能那样啊。"

孩子们高兴地鼓起了掌。我手臂交叉放在胸前，点

点头。这时，敏基问："老师，如果这世上只有推力和拉力，那么拳击选手用的是哪种力呢？用拳头打对方，用的既不像是拉力，也不像是推力啊？"

"看来敏基有点儿搞不清楚，想象一下拳击时的场面吧。'打得猛'是不是意味着同样的力在很短的时间内推得厉害呢？而'打得轻'就意味着同样的力在较长时间内推得轻。就像这样，这样……"我手握着拳头做出要打的样子说。

"啊！想想的确是那样。"

"是啊，把球投到远处的情况也是一样的。球能抛得很远是因为人用力推了球。跑步的时候，推力也是必须要用到的。"

　　"什么？跑步的时候也用到力？"孩子们歪着头，看起来很不解的样子。

　　"百米赛跑的时候是不是要用脚猛蹬地面起跑呢？那个时候就会用到推力。"

　　我的话音刚落，敏基猛地站了起来，然后做出要跑步的姿势，用力蹬着地面说："啊，真的是脚在推着地面，以前我都不知道。"

　　"是啊，谁用推力用得快，谁就先蹬地，就决定着谁能第一个起跑。要牢记哦。"我亲自演示着跑步的准备姿势说。

　　"对啊。体育老师也说过，短跑重要的是起跑。"

　　在一旁的正勋也蹬着地，过来凑热闹了。

我突然想起了一个简单的问题。

"我来问一个简单的问题：在我们自己进行的体育运动中，'推'和'拉'都要好好做的运动是什么呢？"

"嗯，是柔道吗？都需要'推力'和'拉力'。"敏基自信地回答。

"是啊，柔道中是需要'推'和'拉'的。不过，那不是自己进行的运动啊。再仔细想一想，那是什么呢？"

敏基皱着眉头，陷入了沉思。

"老师，这个问题有点怪。哪有自己既推又拉的运动啊？"正勋抚摩着胖嘟嘟的下巴说。

我微微一笑，给了一个提示。

"这个运动是像正勋一样胖胖的人经常做的。"

我刚说完，正勋马上举起了手。

"是摔跤！"

"唉，那也不是自己进行的运动啊。是需要两个人进行的。"

敏基斥责起了正勋。正勋又陷入了沉思。

"啊，想起来了。是不是举重啊？举重不就是拉起之后抬起来，又往上推的嘛！"

"回答正确。"

正勋看着敏基吐了吐舌头。

"哦，正勋果然厉害。那么现在开始正式用力运动
怎么样啊？都站起来吧！"

"好！"

高跟鞋踩得比大象踩得更疼吗？

压强

"做完运动心情是不是很好啊？"

"是啊，老师，比想象中的有趣多了。脑子里想着推力和拉力，运动起来更有意思。"

正勋擦着额头上流淌的汗，呵呵地笑了。但是，他马上又跑到小卖部去了。这孩子也真是的。

"老师，喝这个吧。"

一会儿，正勋就回来了，递给我一瓶冰凉的饮料，腋下还夹着一包饼干。不爱运动的孩子跑去买吃的东西时总是那么积极，像只灵活的兔子。但奇怪的是，正勋回来时走路一瘸一拐的。发生什么事了？

"正勋，你怎么了？"

"脚有点儿痛。"

"摔倒了吗？"

"不是，在小卖部排队买饮料的时候，有个姐姐踩
我的脚了。"

"看你这么痛苦，那个踩你的姐姐一定挺胖吧？"
敏基同情地说。

"不是，是个苗条的姐姐。"

"哎呀，那应该不会很疼嘛！别那么娇气了。"

"真的很疼。你被高跟鞋尖尖的鞋跟踩一下试试！"正勋红着脸，像是真的生气了。

"好了，孩子们，别吵了。正勋的话是对的，被高跟鞋尖尖的鞋跟踩的确会很疼。好好听我讲。"

我开始解释这个现象。

"问题在于高跟鞋尖尖的鞋跟。这种高跟鞋的压强比我们想象的大多了。"

"即使是被很苗条的姐姐踩了，力的作用效果也会很大是吗？"敏基一脸不可思议的表情。

"当然了，有可能比大象踩得还疼。"

"嗯？怎么会呢？"不只是敏基，正勋也瞪大了眼睛。

"压强是作用在单位面积上的力的大小。有趣的是，因为大象的脚的面积很大，所以它的压强没有想象中那么大。但即使是非常苗条的小姐姐穿着高跟鞋踩，它的压强也会相当大。因为高跟鞋尖尖的鞋跟的面积非常小。"

"高跟鞋的鞋跟产生的压强真的比大象脚掌的压

强还大吗？"

"没错。"

正勋都忘了脚痛，靠着我坐下，聚精会神地听我讲。

"听好了。大象脚掌的压强是每平方厘米9.8牛顿左右，而苗条小姐姐高跟鞋跟的压强是每平方厘米196牛顿，也就是说高跟鞋跟的压强是大象脚掌压强的20倍。"

"哇！真没想到高跟鞋跟的压强那么大，居然是大象的压强的20倍。敏基，现在还认为我娇气吗？"正勋把胳膊放到敏基的肩上说。

"对不起。谁让我没有被高跟鞋踩过呢！"

"可是，老师，空气中和水中不是也有压强吗？"

"哈哈，正勋真不愧是'万能小博士'。好奇多，知道的也多。听说过'气压'和'水压'吧？"

"听说过！气压是作用在单位面积上的大气的压力，水压是作用在单位面积上的水的压力，对吧？"

正勋用清脆的声音回答了我的问题。

"对，你们知道水中的压力有多大吗？想象一下，一辆汽车掉进水里，水深一米的地方压着汽车门的压力可达4900牛顿。相当于体重有50千克的10个人，一起阻挡你开汽车门。是不是很大的力啊？所以车一旦掉进水里，就很难开门了。"

"但是，老师，我有个疑问。"敏基很严肃地说。

"什么疑问啊？"

"水的压力那么大，人怎么会在水上漂起来呢？不应该是沉下去吗？"敏基提了一个十分尖锐的问题。

35

"水中有使物体漂起来的浮力。但是浮力归根结底是因为压力而产生的力。从下往上推的力大于从上往下压的力，就会产生浮力。"

"老师，听不懂您在说什么。"孩子们轻轻摇了摇头。

"来，想象一下一个大的宝物箱掉进了大海。宝物箱是不是会挤进水中间呢？那么原来在那个位置的水会怎么样呢？被迫让出位置的水会被挤到上下左右。你们说是不是啊？"

"是的。"

"被挤出去的水会想方设法把宝物箱推出去，使宝物箱让出原来自己的位置。由于左边和右边推的力一样大，宝物箱不会移向某一边。但是从上往下压的力和从下往上推的力的大小是不一样的。那是因为宝物箱下面的海水更多。量多了，是不是力也会大呢？拔河的时候，一边站10个人，另一边站20个人，你们说，哪边的力更大啊？当然是站20个人的那一边了。因为站20个人的那一边有多余的10个人在用力。"

"啊，那么从下往上推的力减去从上往下压的力就是浮力了。"

"答对了！那就是浮力。"

"老师，听说那个发现了浮力的科学家高兴地跑上大街裸奔，是哪个科学家啊？"正勋想不起那个科学家的名字，嘴里一直嘟囔着。

"是那个叫阿基米德的科学家。"

"哇！裸奔？去哪儿啊？多讲点儿吧。"敏基抓住我的胳膊催促我。

"想知道那个故事，就自己找找看吧。下次我一定会提问的，知道了吗？"

"知道了，老师！虽然现在很好奇，但是也没办法了。"

看着敏基的样子，我不由自主地笑了。从别人那里学到东西固然重要，但是自己摸索着学习更重要，也更有意思。

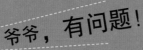

阿基米德原理是什么呢？

阿基米德是希腊著名的科学家。

有一天，阿基米德陷入了苦恼，连续几天看着书桌上的王冠叹气。因为国王命令他鉴定出自己的王冠是不是纯金制造的。

起因是这样的，这些日子国内散布着一些谣言，说工匠在制作王冠的时候在金里掺杂了一些银。但是，用肉眼谁也看不出是否掺杂了银，因为表面上看起来这是个非常耀眼的金色王冠。

阿基米德知道相同体积的金比银更重。但是称量出来的王冠的重量跟黄金的重量差不多。

有一天，阿基米德为了放松放松大脑，决定去洗个澡。他刚把身子泡进浴池，浴池里的水就溢出来了。就在这一瞬间，他突然发现了什么。

阿基米德到底是怎么想出辨别王冠是不是纯金制造

的方法呢？

　　将重量相同的金和银放进注满水的容器中，放银的时候溢出的水比放金溢出的水更多。这是因为重量相同的银比金的体积更大。也就是说，重量相同的金和银，银的体积比金的体积大，所以放进去的时候溢出来的水量也就多。

　　阿基米德马上做起了实验。将跟王冠同重量的黄金放进水里，测出溢出来的水量。然后把王冠放进水里再测出溢出来的水量。

　　你猜结果怎么样？放黄金时溢出来的水量比放王冠时少很多。王冠不是纯金制造的传言被证实了。

　　就这样，阿基米德揭穿了制作王冠的人欺骗国王的事实。由此，阿基米德也发现了一个重要的物理学原理——阿基米德原理。

　　"浸在水中的物体受到向上的浮力。这时的浮力大小等于溢出来的水所受的重力。"

　　"知道了！"

　　阿基米德猛然站起来，高兴得衣服都没穿就跑出去了。因为他找到并验证了王冠是不是纯金制造的方法。

滚下来的足球

惯性定律

"喂，孩子们！"

敏基和正勋朝着有声音的方向回过头。从山坡上的空地轱辘辘地滚下来一个足球。

"孩子们，麻烦你们把足球踢过来行吗？"

"知道了，等一下。"

敏基点了点头，朝滚动的足球跑过去。

但是足球可没有那么容易停下来。敏基飞快地迈开大步跑过去才追上了足球。

"来，接住！"

敏基用力踢了一下足球，球刚好落在踢足球的孩子们的面前。

"呵呵！我的实力怎么样啊？是不是很厉害啊？"

因为摩擦力，走不远了！

敏基很得意地笑了起来。

"是啊，你厉害。你可是足球迷啊！"

正勋瞟了敏基一眼说，看起来很是羡慕敏基发达的运动细胞。就在这时，我突然想到了一个好主意，就是趁机给孩子们讲讲"惯性定律"。

"敏基，如果刚才你没有追上足球，球会怎么样呢？"

"当然是滚很远了。"

敏基耸耸肩膀说。

"滚着滚着速度慢慢减慢，最终会停止的。"

敏基刚说完，正勋马上抢着回答。哈哈，这两个小家伙像是互相开战了。

"但是，为什么足球会滚着滚着停下来呢？"

"那是因为刚开始踢球的力消失了。"敏基回答道。

"力为什么会消失呢？"

"也许是因为地面不光滑，一直跟地面发生碰撞……"

"没错，就是那个，是因为有摩擦力。"我轻轻地摸了摸正勋的头。

"但是，如果从山坡上滚下来的足球在没有摩擦的平面上继续滚的话会怎么样呢？"

"是啊。"

这次不论正勋还是敏基都没有答上来。

敏基开玩笑地说："难道球会不停地滚下去吗？呵呵。"

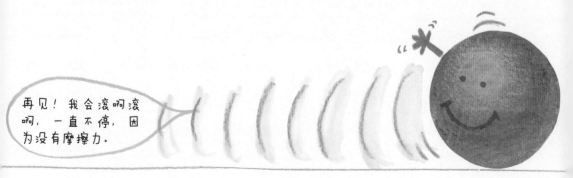

再见！我会滚啊滚啊，一直不停，因为没有摩擦力。

"是的。没有摩擦力的话会不停地滚下去的。"

"啊？是真的吗？"敏基像是都不相信自己所说的话。

"是啊，很久以前大科学家伽利略也陷入了这个苦恼之中。他通过多次研究才得到这个结论：如果与地面没有产生摩擦力，球会不停地滚下去。滚动的球停止的原因是受到了摩擦力。"

"哇，伽利略好聪明啊！"

正勋和敏基睁大眼睛听着我讲话，开战的事都抛到了脑后，紧紧地贴在我身旁。

"伽利略的想法给科学界带来了不同凡响的冲击。几千年来，人们一直认为，只有用力才能使物体运动。但是伽利略推翻了那种说法。因为有伽利略，才会有著名的'惯性定律'的诞生。"

"啊，知道了。就是让静止的物体保持静止的状态，运动的物体保持运动的状态的惯性定律吗？"

"老师是因为要讲惯性定律，才提足球的吧。"敏基附和着正勋说道。

"真是聪明的孩子啊。哈哈……"

两个孩子受到表扬，害羞地笑了起来。

"老师，都已经知道惯性定律了，让我们一起踢一场吧！"

正勋说要踢足球，还真是稀奇。

"踢足球，好啊！"

我们一起走向山坡的空地上尽情玩耍。

牛顿运动定律是什么呢？

牛顿第一定律——惯性定律

惯性定律是物体不受外力的作用时，会保持匀速直线运动状态或者静止状态，直到有外力迫使它改变这种状态。

让我们举一个有关"惯性定律"的例子吧！

行驶的汽车突然停下来，所有乘客的身体向前倾，大家是不是都有这种体会呢？那是因为乘坐汽车的乘客和汽车以相同的速度向前运动。

当行驶的汽车突然停下来的时候，向前运动的乘客还在继续运

嘿咻～～！

动，所以，乘客的身体就会向前倾了。

而停止的汽车突然开动时，因为乘客还在保持静止状态，所以乘客的身体会向后倾。

同样的道理，跑100米的选手在终点很难马上停下来。像这样不管是人的身体还是物体都具有要保持自己的运动状态的性质。这种性质叫作"惯性"。

再来举个别的例子怎么样啊？

杯子上面放一张纸，然后把一枚硬币放到纸上，当迅速拉开纸的时候，硬币会落到杯子里面。这也是硬币有着继续停留在纸上保持静止的惯性的缘故。

出发！

牛顿第二定律——力和加速度定律

物体受到力的作用，运动的速度会渐渐变化。也就是说会有加速度。

举个例子吧！

足球运动员用力踢足球，足球会以先变快后变慢的速度飞到远处。但是以同样的力踢篮球会怎么样呢？篮球比足球重，所以篮球比足球飞得慢。原因是同样的力作用下，质量越大，加速度越小。

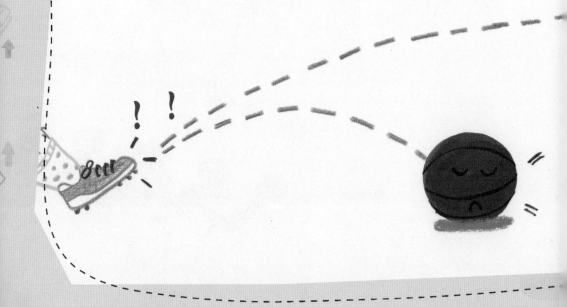

同一个足球，大人就比小孩子踢得更远，那是因为大人踢球的力比小孩子踢的力更大。力越大，加速度也越大。

也就是说，施加的力越大，物体的质量越小，加速度就越大。这就是牛顿第二定律。

利用这个定律可以计算出汽车从刹车到停止运动的距离。能考虑到这点，是不是也就可以减少交通事故了呢？

呀呀！我要飞得更远！

牛顿第三定律——作用与反作用定律

大家都应该在电视上看过发射宇宙飞船的场景吧，宇宙飞船从尾端喷着火向天上飞去。

宇宙飞船怎么能飞到太空中呢？因为从宇宙飞船内部向外喷出气体，气体会用力推宇宙飞船，巨大的反作用力使宇宙飞船可以发射到太空。所以，发射宇宙飞船的时候同时作用着两种力。

像这样，如果对某物体有力的作用，反方向也同样会有作用力。用手拍墙的时候是不是觉得手疼呢？那是因为墙也会用同样的力作用于你。

这就是称作牛顿第三定律的"作用与反作用定律"。作用力与反作用力的大小相等，方向相反，作用在同一直线上。

爷爷，有问题！

摩擦力起什么作用呢？

　　摩擦力指的是"阻碍运动的力"。看起来非常光滑的物体表面，仔细看也会发现高低不平。高低不平的面相互触碰的话就不容易滑了。我们穿着运动鞋和穿着旱冰鞋向前滑，什么鞋会更容易滑呢？当然是穿着旱冰鞋更好滑了。那是因为轱辘起着减少鞋与地面之间摩擦力的作用。如果这世界上不存在摩擦力会怎么样呢？因为没有阻碍运动的力，什么都会运动得很快，我们的世界会变成什么样子呢？

　　首先，如果没有摩擦力，关得很严的窗户很容易就能打开；紧紧卡住的瓶盖轻轻一拧就能拧开了；滑冰变得轻轻松松；汽车也能飞快地行驶。但是如果这世界上不存在摩擦力，也会发生极其可怕的事情。如果没有摩擦力，运动的物体不会停止，会继续以相同的速度沿直线运动。于是滑雪的时候只有狠狠地撞到山头才能停下来，也就是说，想滑雪就有可能送了命。更别说空中跳伞了，因为空气不能用摩擦力起软垫作用，那就只有迅速向地面栽跟头了。是不是想想都可怕啊？所以说没有摩擦力的世界是不可想象的。

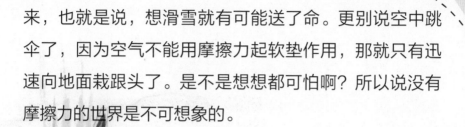

有强大吸引力的地球

掉在头上的苹果

重力

　　呀呼！今天是个特别的日子，我们要去凉爽的海边现场学习。小贞决定和孩子们一起参加这次的旅行。对了，你们还不知道小贞是谁吧？小贞是在科学教室协助我教孩子们的大学生。能和小贞一起旅行，我心里总算踏实下来了。因为跟着我一起学习的这些小家伙可都是些调皮鬼、淘气包。

　　在火车站，孩子们见到我都高兴得不得了。我也像孩子一样兴奋起来了。

　　"您好，老师！"

　　"都到齐了吗？"

　　"是的。"

　　"太好了。来，向大海出发吧！"

"呀呼！太高兴了！"

孩子们叽里呱啦闹嚷着跟我上了火车。淘气鬼敏基一上火车就打开背包拿出好多零食。

"何妮，吃水果吗？我带了好多好吃的，来之前都洗得干干净净了，可以直接吃。"

敏基拿出苹果和橘子笑着给何妮看。

"哦，好啊！两个都扔过来吧。"

"一、二、三！"

敏基把苹果扔给了何妮，但是没扔准，打到何妮的头上，然后掉到了车厢的地上。

"哎呀！这个都扔不准，真笨啊！"

何妮生气地抱住了头。

"对不起，打得很疼吗？"

敏基有点儿不好意思。

小贞微笑着说："何妮啊！你有没有像牛顿一样悟出什么来呢？"

"哥哥，别拿何妮开玩笑。"敏基偷偷看着何妮的脸说。

何妮也不高兴地噘着嘴追问："哥哥，这件事跟牛顿有什么关系啊？"

"当然有关系了。现在我给你们出个有趣的问题吧。"

"是什么啊？"

孩子们都把身子转向了小贞。

"刚刚苹果是不是打到何妮的头上之后掉下来了呢？你们有没有想过，为什么会掉下来呢？"

"哎，我以为是什么问题呢，不就是因为重力嘛。"

何妮用清脆的声音回答道。

"那么重力是什么呢？"小贞严肃地问。

57

何妮也把声音压下来，像个细心的老师一样回答："物体掉到地上是因为地球有吸引力，就是地球吸引物体的力。如果没有重力，我们都不会在地球上站住脚，都会飘在宇宙空间。"

　　"是啊，说得对。人们可以站在椭圆的地球上而不滑下去是因为有重力。"

　　"那如果苹果和橘子从同样的位置同时掉下去的话，哪个先落地呢？前提是在没有空气的真空状态下。"小贞看着不住点头的孩子们问道。

　　"应该是苹果先落地吧。"敏基大声回答。

　　"敏基为什么会那么认为呢？仔细说一下吧！"

　　"那是因为苹果比橘子重。重的物体不是掉得更快吗？哥哥，答对了会不会有礼物呢？呵呵。"

　　"对，重的物体会先落地的。"

　　其他孩子都认为敏基的话是对的，跟着附和了起来。

　　"答错了！"

　　"嗯？不可能啊。难道是橘子先落地吗？"敏基有些赌气，嘴里不停地嘟囔着。

　　"呵呵，让我来告诉你们正确答案吧！这个问题的

答案早在400多年前就被伽利略解出来了。在真空中，所有物体都会以同样的速度落地，与重量无关。"小贞哈哈笑着坐下来。

这时正勋探出头来说："那么不是真空的时候，轻的物体落地慢，是因为受到的空气阻力更大吧？！"

果然"万能小博士"正勋理解得快。

"哇，那么久之前就已经知道……"何妮来回看着手中的苹果和橘子嚷嚷。

就在小贞给孩子们讲故事的工夫，火车很快就到达目的地了。

伽利略在比萨斜塔做了什么实验呢？

意大利比萨有一座斜塔，由于那个塔向一边倾斜，给人一种要倒下去的感觉，大家就称它为比萨斜塔。在比萨斜塔上，伽利略和弟子们一起做了一项实验，就是把不同重量的两个球扔下去，看哪个球会先落地。实验结果出乎意料，不同重量的两个球同时落到地面上。但是这个著名的故事不是事实，而是伽利略的弟子编出来的故事。

如果在完全没有空气的真空状态下做这个实验会怎么样呢？那就会出现伽利略的弟子们预想到的结果。

为什么？因为球在落下来的每一瞬间都会受到地球重力的作用。于是落下来的球的速度会越来越快。像这样物体的速度因重力而变快就叫作"重力加速度"。也就是说，在没有空气阻力的真空状态中，落下来的物体都会同时着地，与它的重量无关。

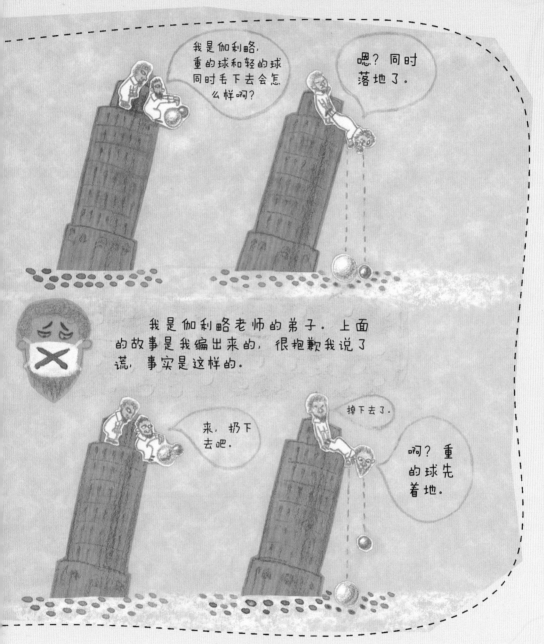

海水过来了

万有引力

"终于到了！"

"哇，我看见大海了！"

孩子们高兴地跑向海边，我也悄悄地跟着孩子们加快了脚步。

跑在最前面的敏基向后喊了一句："老师，海水离我们太远了！"

我一看，还真是这样，因为海水退潮，所以滩地很长。可以看到从远处涌来了阵阵海浪。

"孩子们，等一会儿吧。水很快就涌过来了。大家先在沙滩上玩一会儿吧。"

　　我卷起裤腿，向沙丘大步流星地走过去。

　　跟着我走来的何妮大声问："老师，为什么海水会反复涨潮和退潮呢？要是静静地待着就好了。"

　　"那是因为月球吸引地球。"

　　"什么？不是地球吸引月球，而是月球吸引地球？"

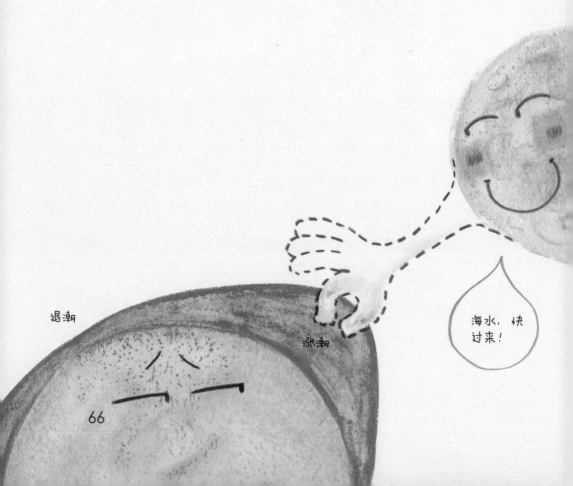

退潮

涨潮

海水，快过来！

何妮认为似乎只有地球才有吸引力。

"月球和太阳吸引地球，海水就会向被吸引的方向涌过来，所以就会形成涨潮。"

"哇，好神奇。那么退潮是怎么形成的呢？"

"地球上的海水不会多也不会少，量一直都不变，所以当海水向一边涌过去的时候，另一边的水是不是会变少呢？那么，海水变少的地方就会形成退潮。"

"哇，真有趣！老师，月球只吸引大海，不吸引陆地吗？"

"月球既吸引大海，也吸引陆地，但因为陆地比较硬，所以我们不会感觉有什么影响。"

"啊，原来是这样。要是陆地像大海一样受月球的影响就好了，地面也鼓起来又陷进去就像玩游乐设施一样。嘿嘿。"

何妮笑着开始了有趣的想象，后面的正勋不屑一顾地说："切，那不就是牛顿发现的万有引力定律嘛！"

正勋不耐烦地看着何妮，还吐着舌头。

"切！有什么了不起，那么你肚子上的肉也是因为月球吸引才会那么鼓吗？"何妮调皮地逗起正勋，正勋低头摸着鼓起来的肚子笑了。

"对了，万有引力定律是不是苹果也有吸引力的定律啊？刚才小贞哥哥说的，形成涨潮和退潮的现象也是万有引力定律吧？"

"是啊，其实关于重力，牛顿之前的科学家早已知道了。牛顿悟出来的是苹果也有吸引力的事实。"

正勋用清脆的声音解释给何妮听，但何妮看起来还是有疑问。

"老师，我还很好奇。月亮使海水涨潮、退潮，所以能看出来有引力，但是苹果的力丝毫感觉不到啊。"

"是吗？我能感觉得到啊，因为苹果吸引正勋，所以正勋吃的苹果比别的孩子吃得都多，不是吗？"我装出一副一本正经的样子说。

"老师，您在捉弄我？"正勋有点儿生气地说。

"对不起，正勋，只是个玩笑。哈哈！"我笑着摸了摸正勋的头。

"孩子们，苹果的确有引力，但是那个引力非常小，以至于我们感觉不到。苹果会掉到地上，是因为地球的引力与苹果的引力相等，但地球的质量比苹果的大得多，所以苹果的加速度要比地球的加速度大得多，即我们感觉是苹果掉到地上，而不是地球掉到苹果上。"

"啊，现在知道了。"

何妮拍大腿的时候不小心失去重心，差一点儿从沙丘上掉下去。

"啊！吓我一跳！"

"哈哈，看来是地球在吸引何妮的屁股啊。"

我的话让孩子们大笑起来。

天地大冲撞会发生吗？
小行星碰撞

　　太阳一下山，海边就变得黑沉沉的。我和孩子们吃完晚饭，一起去海边散步。这时，小贞推着装满木块的手推车向我们走来。

　　"那些木块是做什么的？"

　　我看着手推车问道。

　　"为了篝火晚会准备的。"

　　"哇！"

　　孩子们高兴地大喊起来。

　　"嗯，小贞的主意很好。还是你懂得孩子们的心思啊，呵呵。"

　　孩子们和小贞一起堆起了木块。火点燃之后，孩子们都围着篝火坐下来。

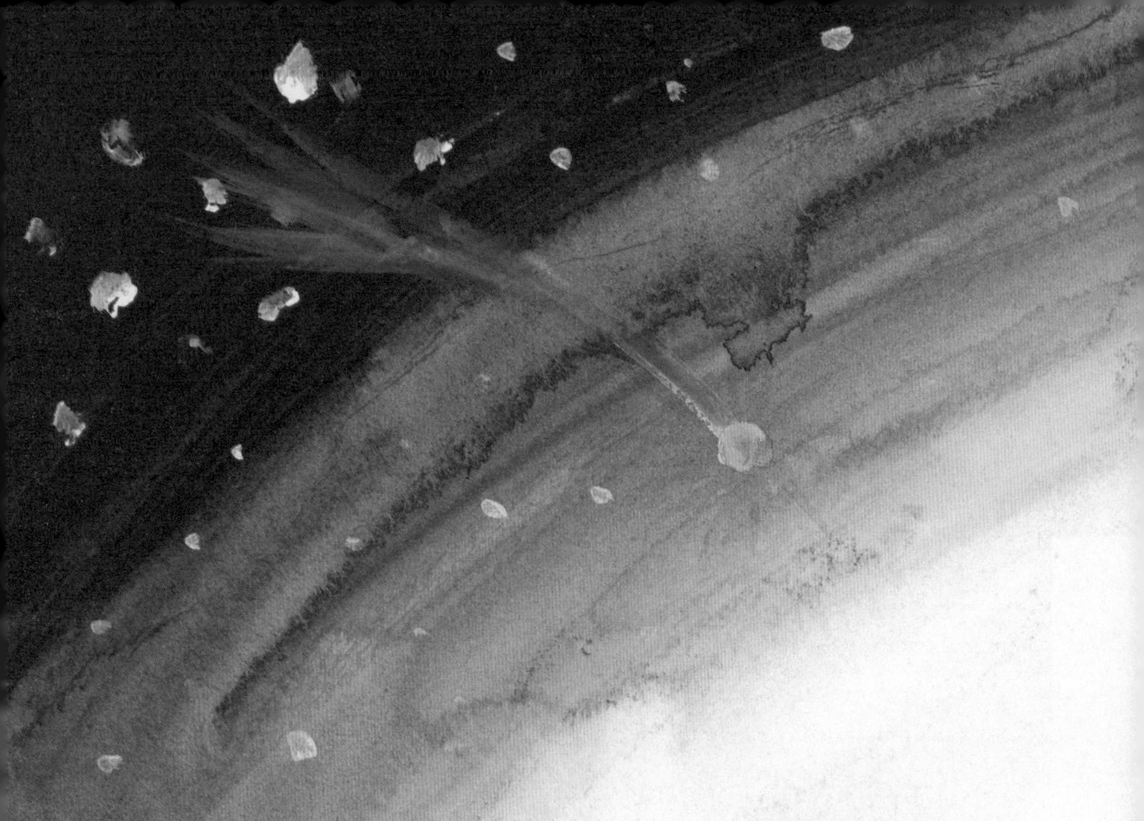

"来，我们唱几首歌怎么样啊？"

小贞弹着吉他唱起了歌，孩子们也都跟着一起唱。

这时，敏基指着天空大喊："流星！"

"真的吗？"

"哪里？哪里？"

孩子们一起仰望天空，但什么都看不到，流星已经迅速坠落，消失不见了。

"老师，流星会掉到哪里呢？万一掉到地上怎么办啊？"静静坐着的银秀眨着眼睛问道，一脸担心的样子。

"银秀竟然主动提问，应该表扬一下！"

我笑着抚摸了银秀的头。因为银秀是个很少说话、很腼腆的孩子。

"看来银秀是担心流星会掉在头上吧？"

银秀微微点了点头。

"银秀啊，听好了。宇宙中飘着很多小石头，其中几块石头飘过地球附近的时候被地球吸引到大气层，那就是流星。进入大气层的流星因为与空气摩擦，会渐渐变热，就像你搓一搓手，手心就会发热一样。"

"啊？那么热的石头会掉在地球上吗？"

银秀吓得瞪大眼睛问。

"哈哈，不会的。因为太热，石头自己就会燃烧掉。所以完全不用担心被流星砸到。"

但是银秀仍然是很

担心的样子。

"老师，科幻片里面就有特别大的石头掉到地球上呢。"

"啊哈！那个呢，不是流星，是小行星。"

"对，是小行星。"

"是啊，小行星，顾名思义就是指小的行星。它们像地球一样在太阳周围沿着轨道运转。小行星有时候也会掉在地球上，不过概率很小。"

"哎呀，想想都可怕。"

听了我的话，周围的孩子们都吓得竖起了耳朵。

"孩子们，要不要给你们讲更可怕的事情呢？有一颗小行星阿波菲斯（Apophis）将于GMT+8时间2029年4月14日4时49分到达距离东半球最近位置，这颗直径为325米的小行星和地球发生碰撞的概率仅为2.7%。如果它真的和地球发生碰撞，会释放相当于15.3亿吨TNT炸药爆炸释放出的能量。"

"嗯，直径是325米的话，岂不是比地球小多了，那样还比那么多炸药同时爆炸更危险吗？"何妮问道。

"是啊，何妮。和地球比起来它是个非常小的小行星，但是因为地球的重力加速度，行星的运行速度会越来越快，导致它和地球冲撞的时候威力变得非常大。看过《侏罗纪公园》和《天地大冲撞》的电影吧？就像电影里演的那样，如果地球真的和小行星发生碰撞，地球上会发生很多可怕的事。在电影里因为小行星的碰撞，生存在地球上的恐龙竟然灭绝了。你们说那威力有多可怕！"

我们不约而同地抬起头仰望天空，漆黑的夜空中星星一闪一闪地眨着眼睛。怎么也想不到这么寂静而又平和的天空会发生那样无法预测的可怕的事情。

"老师，我们一起来祈祷地球平安无事吧。"银秀害怕地小声说着。

　　"好啊，那么就让我们默默祈祷吧，祈祷我们的地球能平安无事！"

　　孩子们双手合十开始祈祷。

　　"老天爷，务必要阻止地球和小行星的冲撞啊！"

　　就在这时，一颗流星划过，给漆黑的天空增添了一抹亮丽的色彩。

　　在我们祈祷的瞬间，流星出现了。

　　"哦，流星坠落了，看来我们的愿望能实现了！"

小行星掉在地球上会怎么样呢？

　　小行星是指形成太阳系之后剩下的岩石和冰构成的小的行星，大小不一，有棒球那么大的，也有月亮的1/3那么大的。

　　实际上，小行星和地球发生过碰撞。在世界各地发现了140多个小行星冲撞地球留下的痕迹。有的学者还认为，几千万年前恐龙灭绝是因为一个直径为10千米的小行星和地球发生了碰撞。小行星就像在任何时间、任何地点都有可能向地球进攻的炸弹。

　　1908年，有个半径为20米的小行星坠落在西伯利亚的通古斯，导致约2 000平方千米的地域变成一片焦土。如果比这个大得多，半径为1.6千米的小行星和地球发生碰撞会怎么样呢？地球必然会陷入极大的危机，其威力比1945年美国扔到日本广岛的原子弹威力大1 000倍，真是太可怕了。

如果小行星真的掉在地球上会发生什么事呢？

首先，如果掉在大海里，会引起数百米高的海啸，数千米的海岸线会沉没在海水里；火热的小行星会使海水像烧开了锅一样沸腾，导致地球的温度迅速上升；极地的冰雪会融化，接着陆地的大部分都会泡在水中。

小行星落在陆地上更可怕。因为小行星和地球碰撞时的冲击力，地球的多个角落会出现火山爆发。这时喷出来的火山灰如果把阳光挡住，地球就会迎来冰河期。即使能安全度过冰河期，由于臭氧层被破坏，地球也会

变成动植物都不能生存的死亡行星。

　　不过大家不要太担心。科学家们会看好宇宙的，他们每天都在努力认真地研究着这个课题："小行星会不会和地球发生碰撞？一旦发生的话，我们能够想出什么对策来解决。"

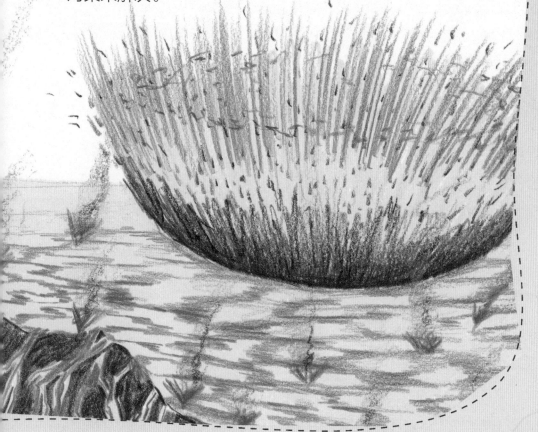

转了又转的
能量

才敏做的功是 "0"

"功" 是什么？

　　我一有空就回到家乡，漫步在家乡的田野间，心情舒畅地唱起歌。微风吹过，空气中充满着青草的味道，还有泥土特有的芳香。

　　住在家乡的奎东是我最好的朋友，你们是不是也有心灵相通的朋友呢？虽然现在奎东和我都变成老爷爷了，但因为我们是从小在江边一起玩耍的朋友，所以有的时候我觉得奎东仍然是那个十岁的淘气鬼。

　　"喂，老朋友！过得好吗？"

　　我打着招呼进了院子。奎东家的大门总是敞开着，所以不用像在城市那样按门铃。

　　"哦，快进来，老朋友！最近怎么有空啊？"

　　奎东呵呵笑着，正要把黄牛牵到牛棚。

"黄牛还好吧？"

"当然了，吃草料吃得香，拉得也好，身体可结实了。"

奎东抚摩着黄牛的脖子微微地笑了。这时，奎东的孙子才敏气喘吁吁地跑进来。

"我回来了！"

才敏一看见我，就立马弯腰敬礼，大声问好："爱因斯坦爷爷，您好！"

"哎呀，今天的书包可真沉啊。"奎东接过才敏的书包说。

"爷爷，我今天回家的路上做了件好事。"

"是吗？我很想知道，才敏到底做了什么好事？"我问才敏。

"回来的路上，我看见秀英家的汽车因为出了故障

开不动，所以就在后面用力帮忙推车。不过我的力好像没起什么作用。嘿嘿！"

才敏用手脚比画着兴奋地说。

"哎呀，我们家的宝贝累坏了吧。"奎东轻轻拍着才敏的后背说。

我想捉弄一下才敏。

"嗯，我的想法不一样。我认为很可惜，才敏没有做功。"

5分钟之后

10分钟之后

20分钟之后

纹丝不动

84

"啊？我的确做功了啊。"才敏觉得冤枉，脸都红了。

哈哈，才敏的样子真的太有趣了。

"听爷爷给你讲。在物理学里，只有物体向受力的方向运动，才能算是'做功'。但是才敏推的车根本没动，因此才敏做的功是'0'，也就是说才敏没有做功。我说的对吧？"

"哎，用了那么多力，到头来说没有做功。真郁闷。"才敏绷着脸，好失望的样子。

"才敏啊，听爱因斯坦爷爷讲讲吧，多有趣啊！他可是个科学家呢！"

"嗯，我知道的。"

奎东轻轻拍拍才敏，才敏这才微微笑了。

"那么，黄牛拉着装满行李的牛车是不是做很多功啊？"

奎东家用牛做农活，所以才敏比谁都清楚牛在做农活的时候起了多么重要的作用。

最近，人们都改用耕地机或拖拉机这样的机器做农活，因为用牛做农活真的很累。

那么奎东为什么还用牛来做农活呢？原来是这样

的：如果用机器，机器上掉下来的油会使地面变硬。而用牛做农活，土会变得柔软，而且牛在干活的时候拉的粪便还能做肥料。这不就是一举两得吗？以前我们的祖先都是和牛一起做农活的。人们说奎东是固执的老头儿，但是我却觉得他是个帅气的农民。

听着我和才敏的对话，奎东叹了口气说道："要不是有黄牛，我不可能做这么多农活的。我去另一个世界之前能和黄牛一起再多干点活儿就好了。"

"呵呵，瞧你说的，你跟黄牛一起干的活已经够多了。而且你现在这么健康，想干多少都可以。"

"你说得对！"

奎东和我互相看着对方满是皱纹的脸，笑了。

"爷爷！爱因斯坦爷爷！你们一定要长寿啊！"才敏噘着嘴说道，一副马上就要哭出来的样子。

"哈哈。才敏，不用担心。看看爷爷健康得很呢。嘿！"我做起了跆拳道的准备姿势。

"哈哈！"才敏看着我的样子捧腹大笑，我和奎东也被他逗乐了。

钓鱼竿的科学

如果想容易做功

"朋友，去钓鱼怎么样啊？好久没去了。"

"我早就猜到了，所以提前准备好了钓鱼竿。"我指着大大的渔具包说。

"哈哈，我们果然是心有灵犀的好朋友啊！"

奎东和我像要去野游的孩子一样，高兴地哼着歌走向江边。才敏也跟着我们过来了。

在江边找到位置之后，我们把带来的鱼饵放到鱼钩上，握紧鱼竿，把鱼钩扑通一下甩进水里。

"嗯，今天状态很不错。"奎东的眼睛闪闪发光。

"爷爷，多钓几条鱼吧。"

"才敏啊，好好盯着鱼竿，一有动静就告诉我。水里的鱼触动了鱼饵，鱼竿就会晃。"

"知道了，放心吧。"才敏蹲下来认真盯着钓鱼竿。

一会儿，浮标稍微动了一下，我用力抬起了钓鱼竿。

"哇！钓到鱼了。"才敏高兴地鼓起了掌。

果然，我的钓鱼竿钓着了一条大大的香鱼。

看我钓到了香鱼，才敏也想亲自钓几条。

"爷爷，这次由我来钓吧！"

"既然你已经钓了一条了，就把钓鱼竿让给我的孙子吧。"

"好，才敏来坐这儿吧。"

才敏用双手握住钓鱼竿，紧张得用力挤着眉毛。

"来，张开肩膀，放松心情。"

我蹲在才敏的旁边给他支招。过了一会儿，才敏握着的钓鱼竿开始动起来了。

"才敏啊，快把钓鱼竿抬起来。"

我怕鱼会因为噪声逃跑，对着才敏的耳朵小声说道。听了我的话，才敏用力抬起了钓鱼竿，但是鱼早已跑了。

"哎，逃走了。"

才敏紧张的心情这才放松下来，深深地叹了一口气。

过了一会儿，钓鱼竿又动了。我悄悄走到才敏的旁边。

"才敏，用力抓把手的后半部分，然后再抬起来。像这样。"

才敏按照我说的方法抬起了钓鱼竿。

"哇！爷爷，有鱼！我钓到了。"

钓鱼竿上吊着一条活蹦乱跳的鲫鱼。

才敏高兴地直拍手。

"才敏，现在知道怎么拿钓鱼竿了吧？"

"嗯！这次我懂了。"

才敏学起渔夫的样子，拿着钓鱼竿来回晃。

"是啊，做事的时候利用杠杆，可以减少用力或者减少要搬运的距离。"

　　"钓鱼竿里也藏着科学原理啊。哈哈！"

　　"是的。钓鱼竿就是个可以减少搬运距离的杠杆。"

　　"又来了，怕谁不知道你是科学家啊。"

　　奎东转向我们说，也许是盯着丝毫不动的钓鱼竿盯累了。

　　"才敏啊，上次你不是和村里的孩子们一起玩跳跳板了吗？那也是利用杠杆的原理。"

　　"对啊，那么跟跳跳板差不多的跷跷板也是利用杠杆原理吗？"才敏在我身边坐下，问道。

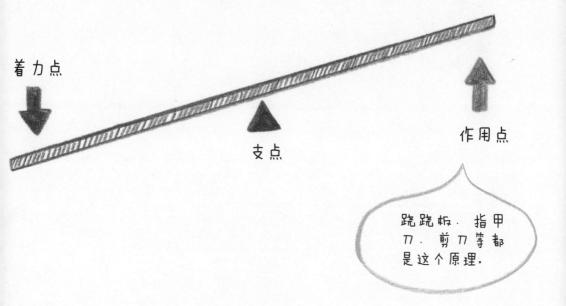

着力点　　支点　　作用点

跷跷板、指甲刀、剪刀等都是这个原理。

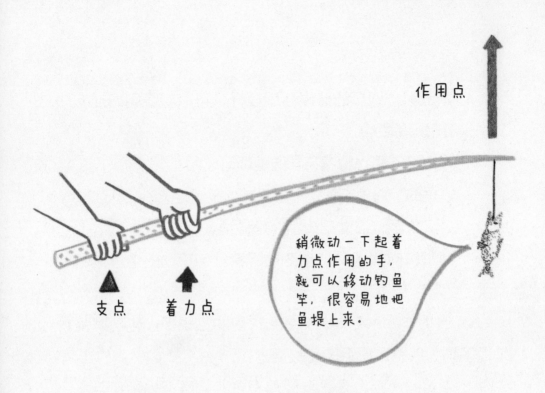

作用点

支点　着力点

稍微动一下起着力点作用的手，就可以移动钓鱼竿，很容易地把鱼提上来。

　　"不只是这些。瓶起子和指甲刀也是利用了杠杆的原理。不用起子开瓶盖，手能承受得了吗？"

　　"哇！也就是说利用杠杆原理，做功就容易多了。"

　　"完全正确！"我捏了捏才敏可爱的小脸蛋儿说。

　　"我还想钓鱼。"

　　"呵呵，这次就用我的鱼竿钓吧。"奎东把钓鱼竿递到了才敏的手上。

　　"爷爷，如果能钓到鱼，我自己会好好把鱼竿抬起来的。我一定能做好。"才敏笑着坐下来。

省力做功的道具都有什么呢？

大家都知道金字塔或者万里长城吧？如果能亲眼见到这么巨大的建筑物，你会瞠目结舌的。因为金字塔真的很大，万里长城真的非常长。

那么古代的人们是怎么搬运重得吓人的巨石的呢？

单靠人的力量是不可能搬运那么重的巨石的。

所以，科学家认真研究了以前人们减少用力做功的方法。现在我们就来看看能省力的道具吧。

只要有杠杆，什么都能抬起来？

在杠杆的一边放一块重石头，在另一边适当位置用力的话，比直接抬石头容易多了。

在我们周围很容易就能找到利用杠杆原理的东西。传统游戏中的跷跷板也是利用杠杆原理的。家里常见的剪刀、指甲刀、瓶起子等都是利用杠杆的原理制造出来的。

杠杆一定会有支点。支点的位置不同，所需的力也不一样。支点离用力方向的距离越远，用的力就会越少。

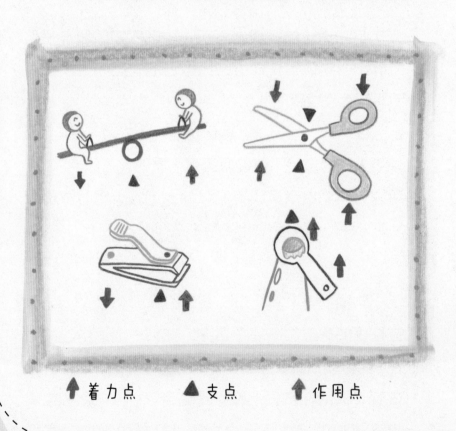

⬆ 着力点　▲ 支点　⬆ 作用点

能改变力的方向的滑轮

　　万里长城是建在悬崖峭壁上的，那么，怎样才能从山崖下往绝壁上搬运巨石呢？首先要到山崖下面用绳子绑石头，然后，再回到山崖上面用力拉绑石头的绳子，一来二去就会累得满头大汗。想想都觉得很辛苦。那么有没有将石头搬到山崖上面的比较省事的方法呢？

　　这里就要利用到动滑轮，不需要使太大的力就可以

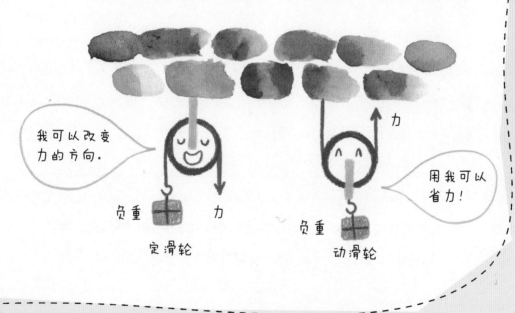

我可以改变力的方向。

负重　　力

定滑轮

力

用我可以省力！

负重

动滑轮

搬运石头。定滑轮可以改变力的方向，比起从下往上拉提，从上往下拽当然更容易了。看看村里的井，是不是都装有滑轮呢？利用滑轮可以轻松地提起井水，搬家到高楼的时候也会用到滑轮搬运重东西。

滑轮有定滑轮和动滑轮两种。使用动滑轮可以省一半的力，因为动滑轮相当于两边一起用力抬。

金字塔的秘密——斜面

设想一下，有一面墙，和地面成"L"形，高为1.5米。若要翻过这面墙应该怎么办呢？电影里的主人公能像风一样飞过去，而对于普通人就有点儿困难了。这么高的地方要上下自如，会有什么办法呢？

拽着绳子上去怎么样啊？每天爬过这面墙是不是会很累啊？有没有更容易的方法呢？

想想我们是怎么上楼的吧！对，要想越过高墙，做楼梯是最好的办法。楼梯就是利用斜面的原理制造出来的。利用斜面就可以像杠杆或者滑轮组一样省力了。

　　埃及人建金字塔的时候为了搬运大石头就利用了斜面。如果斜面的偏角是30°，用一半的力就可以拖着石头上去了。如果把偏角度数弄得更低，就可以更省力。现在大家能想象出来古人是怎么造出又高又大的金字塔了吧？

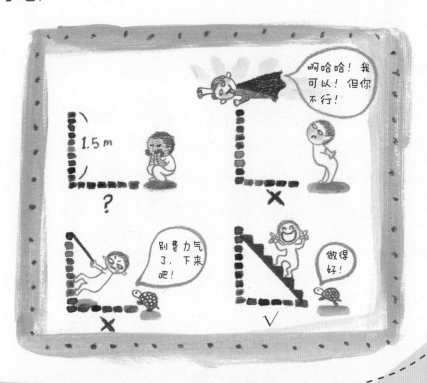

能量转了又转

能量守恒定律

　　我们把钓上来的鱼放进铁桶后，收拾起钓鱼竿，准备回家。

　　在回奎东家的路上，我们经过了一个熟悉的地方。

　　"喂，那边以前是不是水碓（duì）（农民伯伯的好帮手，借助水力舂米的工具）房啊？"

　　"哈哈。你想起以前的事了。那里曾是我们的秘密联络处呢。"

　　"对啊，一有时间就把朋友们叫出来一起玩。"

　　我和奎东回忆起以前的事，咯咯地笑了起来。

　　"爷爷，水碓房是做什么的地方啊？"

　　"是转动水碓舂谷物的地方。现在那种活都是用机器做了，所以很多水碓房都不见了。以前几乎每个村子都有一个呢！"奎东给才敏解释道。

"我觉得水碓自己能转动很神奇。它是怎么转动的呢？"

才敏的问题又冒出来了，奎东捅了捅我："又用到你的专业了，快回答吧。"

才敏盯着我的脸，等待着答案。

"才敏啊，从高处落下来的水的力是非常大的，那个力能转动水碓，这样水碓就可以舂谷物了。"

"那么是落下来的水做功了吗？"才敏一旦开始提问就会打破砂锅问（纹）到底。

"是的。在高处的物体有着能做功的能量，科学家们把它称作重力势能。"

"能量？能量和功是一个意思吗？"才敏轻轻摆一摆头问。

"不是，两者不一样。能量指可以做功的能力。举个例子，如果'能量'是银行存折里的钱，那么想要购买的物品就相当于是'功'。能理解吗？有钱才能买到物品，所以说，有能量才能做功。"

"那么做的功多了，能量是不是会减少啊？就像买了东西存折里的钱就会减少一样。万一把能量全用完了怎么办啊？"才敏担心地问。

　　"哈哈哈，才敏不用担心，能量不会用完的。水碓用的是落下来的水的力，也就是重力势能。那么力是从哪儿来的呢？它是因为重力而产生的。所以除非重力从地球上消失，否则重力势能是永远不会消失的。对吧？"

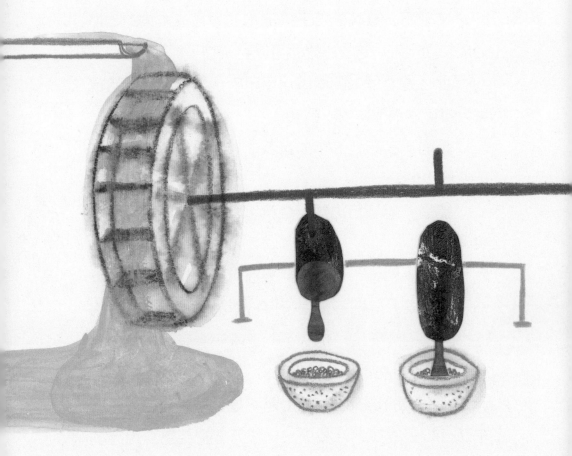

"啊，重力。"

"也就是说因为重力而存在的重力势能使水碓转动，而那份能量就会转换为舂谷物的动能。虽然我们感觉不到，但能量是不会消失的，只不过会改变形式。"

"啊，原来是这样。"

才敏虽然点了头，但看上去还是很不解的样子。

过了一会儿，奎东跟才敏说："才敏，听爷爷说。你吃的饭里也有很多能量，所以吃饭后可以又蹦又跳地活动身体。"

"是吗？那么饭里的能量是从哪来的呢？那也是从重力来的吗？不是吧？"

才敏好像怎么也不能把重力和饭联系起来。

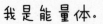

我是能量体。

"饭是用米做的吧？那么米是怎么来的呢？"

"因为有土壤、水，还有太阳。"才敏自信地
回答。

"哇，有个好农民爷爷，你想的果然不一样啊。"

这时，奎东说道："是大自然培养出了米。大自然

结了圆鼓
鼓的穗。

吸收阳光的
草，味道也
好极了。

要多多吸收
阳光，快快
成长。

就是能量，能量转了又转，既能培养植物，又能将营养输送到我们的体内。"

"嗯，说得很好。"

不知不觉太阳都下山了。

"快回家吧，煮香喷喷的辣汤喝吧。"奎东像个小孩子一样笑着说。

"爷爷，我饿了。"

"看来才敏学科学用了不少能量啊。"

"好像是，得快点儿把能量吃回来。嘿嘿。"才敏拉着我的手说。

这时，我突然想到："友谊是不是也像其他能量一样，转了又转，永不消失呢？"

能量转了又转。

吃自然养大的食品，力气也噌噌地长！

机械能是什么呢？

势能 100
动能 0

势能 50
动能 50

势能 0
动能 100

　　动能和势能加起来叫作机械能。设想一下，有个人拿着一块石头站在塔顶。在塔顶只有势能，动能为0；那个人把石头扔下来（不计任何阻力），到中间位置的时候，势能和动能都变为机械能的一半，而石头落到地面的瞬间势能为0，这个时候就只剩动能了。

　　所以势能和动能加起来的机械能总是不变，这就叫作"机械能守恒定律"。

大家在游乐场都玩过海盗船吧？海盗船荡到最高处的时候只有势能，没有动能。但是在最低处，动能最大，势能为0。海盗船下降的时候速度越来越快，跟着动能也会越来越大。玩海盗船最刺激的就是让人们感觉到这越来越快的速度感。

机械能可以做出这么有趣的游乐器材！哇！

势能 100
动能 0

势能 100
动能 0

势能 0
动能 100

热能是怎么形成的呢？

以前的人是怎么生火的呢？原始人是通过搓干树枝来生火的，因为搓干树枝会相互摩擦而产生热，利用这个热量就可以生火了。也就是形成了热能！

热能是指构成物体的分子无规则运动的时候产生的能量。

首次提出这个想法的人是叫本杰明·汤普森的科学家。他在用钻头给大炮钻洞的时候发现了一个现象，大炮越来越热，人们为了冷却变热的大炮，边倒冷水边干活。这时汤普森想到，热也许不是物质，会不会是因为分子的运动才会产生热呢？当时许多科学家都认为热也是物质，汤普森改变了他们的想法。这个发现由戴维继续探索。戴维做了个实验：用力搓两个冰块使其融化，然后得出了结论：因分子的运动产生的热融化了冰块。

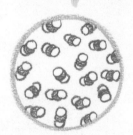

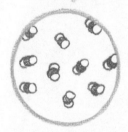

107

有趣的
激光游戏

彩虹光世界

光的颜色

　　我非常喜欢星期六，因为星期六下午能见到来科学教室学习的孩子们。孩子们来之前我会站在镜子前面整一整衣服，还会笑一笑。

　　今天我的卷发很帅吧，额头也闪闪发光。是啊，这都是因为从窗户照进来的阳光。

　　"好，今天就学习光吧！"

　　这时，我突然又想到了让孩子们边玩边学的方法。

　　我把教室里的窗户全关上，然后拉上厚厚的窗帘，不让阳光透进来。我有点儿着急了，因为孩子们快到了。嗯……这样差不多了吧？最后，把灯关上。虽然是白天，但是教室内像晚上一样黑沉沉的。这时传来了孩子们的脚步声，我赶紧躲到了墙角。

"怎么回事呀！太暗了，什么都看不见。"

"啊，好害怕。为什么这么黑呢？"

"爱因斯坦老师，您在哪儿？难道还没来？"

孩子们吵着开始找我了。

我贴紧墙壁，屏住呼吸，好不容易才忍住笑。

"老师好像不在啊？真奇怪。"

110

孩子们都到齐之后，我按下了开关。

"开灯了！当当当当！"

"哇！现在才亮起来。"

孩子们不安的情绪这才恢复了平静。

"孩子们，虽然只是一小会儿，但是没有光是不是很暗很闷啊？今天我们要学关于光的知识。"

"那么，老师是故意逗我们玩了？"

"嗯……老师太坏了。"

我看着孩子们咯咯地笑了。

"哇，原来今天何妮穿了一件漂亮的白色连衣裙啊。有什么重要活动吗？"

听了我的话，孩子们都哈哈笑了起来。

"何妮穿什么都漂亮。就你这件漂亮的连衣裙，我来提个问题吧。何妮，你认为光是什么颜色的呢？"

"是白色的。黑暗是黑色，那么相反的光不就是白色吗？"何妮自信满满地回答。

"嗯，真的会那样吗？"

我走向何妮，给她看了通过三棱镜射出来的光。

"哇！真漂亮。好像是彩虹光。"

"是啊，阳光是由多种颜色的光一起组成的。以前人们也像何妮一样认为光是白色的。但是随着时间的推移，牛顿做了光通过三棱镜的实验之后，才知道光是由几种颜色一起组成的。因为有了光，我们的世界看起来才如此多彩。"

"啊，那么世上有很多种颜色都是因为光吗？天空和大海是蓝色的也是因为光吗？"何妮惊讶地大声问。

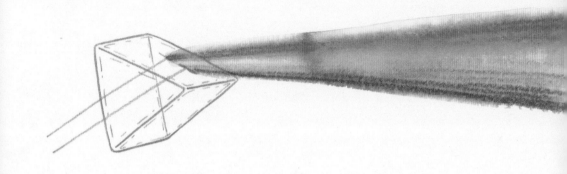

　　"是啊，何妮说得对。想想为什么吧。光到达物体表面就会弹起来，这叫作'光的反射'。光射到树上，就会反射出绿色光，所以树在我们眼中是绿色的；同样的道理，光碰到玫瑰，会反射出红色光，所以玫瑰在我们眼中是红色的。世界上所有的东西都是因为反射出不同的光，世界看起来才会多姿多彩。天空和大海呈现出蓝色，也是因为天空和大海反射出蓝色的光。"

　　"何妮，果然很聪明。"敏基笑着说。

　　这时正勋看着敏基说道：

　　"敏基，你的眼里是不是只有何妮啊？"

　　"嗯，就是那样。"

　　敏基的话又使教室变成了笑的海洋。

敏基笑完后，继续问道："老师，不是说还有看不见的光吗？"

　　"那是什么话，光怎么会看不见呢？"孩子们纷纷议论起来。

　　"就像敏基说的一样，确实有我们用肉眼看不到的光。比如红外线、紫外线，还有X射线等。"

　　"啊，啊……"

　　听了我的话之后孩子们都惊讶地点了点头。

　　"听好了，我们把能看到的彩虹光称作可见光。我们的眼睛只能看到红色光和紫色光之间的光。红色光和

我是紫外线，用肉眼是看不到我的。

紫色光外侧也有光，但我们用肉眼是看不到的。红色光外侧有红外线，紫色光外侧有紫外线。所以，红外线和紫外线是看不到的光。"

我刚说完，何妮就举起手说："我妈妈说过，阳光中的紫外线对皮肤不好。"

"对，何妮的妈妈说得对。紫外线会对皮肤造成伤害，甚至会引发皮肤癌。但也没有必要刻意避开阳光，紫外线也不是只有坏处。适当地晒晒太阳，可以生成维生素D，利用紫外线还可以杀菌消毒呢。"

"那么，我们的生活中哪里能用到红外线呢？"

我是红外线，像紫外线一样，肉眼也看不到。

116

这次由敏基发问了。

"因为红外线有热量，所以被称作热线。用遥控器操纵电视机的时候发出来的光就是红外线。电梯门和警报器的传感器也会用到红外线。虽然看不见，但是红外线和紫外线一直都在我们的身边。"

眨一下眼睛是几秒

光的速度

　　"孩子们，我们这次来测一下光的重量吧。"我指着弹簧测力计说。

　　"什么？怎么测光的重量呢？"

　　我把隐藏的激光棒拿出来射向了秤。孩子们感到很神奇，都围了过来。

　　"老师，秤的指针一点儿没动啊。"

　　"是吗？那说明光没有重量。那么用锤子打会怎么样呢？谁先打？"

　　"我来，我来！"

　　孩子们兴致勃勃地用锤子打了起来，但是光没有改变传播方向。

　　"光还是没变啊。"拿着锤子的孩子不自然地笑着说。

"是啊，光既不能测重量，用锤子打也不会改变传播方向。光的实质到底是什么呢？"

"老师，世界上速度最快的是光速，所以抓住光来测量重量和大小是不可行的吧。"

"万能小博士"正勋总是在我为孩子们想出来的幼稚的实验中泼冷水。其实，做这个实验只是想让孩子们对光产生好奇心。实际上，光既没有重量，也没有大小。

"正像正勋所说的那样，世界上速度最快的是光速。那我们来做个实验，测测光速到底有多快吧。"

"肯定很有趣，好啊！"

我们用长长的卷尺量了教室的一端到另一端的距离，教室的长度大概为9米。测速度为什么要量距离呢？那是因为，想测速度一定要知道距离。光移动的距离除以时间就会得出光的速度。

速度=距离÷时间

就是这个公式。

"大家都来看，秒针指向'12'的时候我会发射光，看看过多长时间光能到达教室的另一端。"

我交代完后，从教室的一端向另一端发射了激光。

"孩子们，看清了吗？从教室的一端到另一端花多长时间？"

"不太清楚。"

孩子们傻愣愣地看着我。哈哈，孩子们的表情真是太有趣了。

红色的激光不到眨眼的工夫就到了教室的另一端，当然测不出时间了。光的速度实在太快了，所以靠人们

的眼睛是判断不了的。世界上没有比光速更快的了。

　　以前，伽利略也做过相似的实验。

　　一个漆黑的夜晚，伽利略带着弟子们一起外出。由两个人各自站在面对着的两个山坡的顶部。到了午夜，弟子向伽利略站着的山坡点亮了煤油灯。

　　伽利略立刻测了光到达自己站着的地方所需的时

121

间。光到达对面花了多长时间呢？因为煤油灯的光速太快了，伽利略也没能测出时间。你说伽利略是怪人？也许吧。

但是想成为伟大的科学家，就应该保持好奇心，那样才能研究并发现新的事物啊。和孩子们做完实验后，我感觉有点口渴，就拿起放在桌上的饮料用吸管喝了几口。

"啊，真舒服啊！"

这时，有个孩子仔细盯着装饮料的玻璃杯。

"老师，玻璃杯里的吸管看起来像折断的。这种现象也跟光有关系吗？"

我放下饮料，看了看玻璃杯。

"你观察得真是仔细啊。吸管看起来像折断了，是因为光在空气中的传播速度和在水中的传播速度不一样。在空气中传播得快的光进入水里就会变慢。在这一过程中光的方向也会改变。所以在我们眼里，吸管看起来像折断了一样。这种现象叫作'光的折射'。"

"啊，知道了。"

这个孩子喝了一口我的饮料就回到座位坐下了。我怀疑他不是因为对吸管好奇，而是想知道饮料是什么味道才走过来的。哈哈！

光的传播速度太快了，以至于我们看不到它经过的样子。但是在空气中的传播速度和在水中的传播速度是有差异的，也是能看出来痕迹的，玻璃杯中像折断的吸管就是最典型的例子。

在玻璃杯中放一枚1元的硬币，再倒水，硬币就像是漂起来一样。这都是因为光的折射才产生的现象！

太阳光到达地球要多长时间呢？

　　光的速度能有多快呢？光在1秒内能经过约30万千米的距离，相当于地球赤道约7圈半的周长。是不是快得无法想象？但是，阳光到达地球的时间，却比想象的要长。因为地球是离太阳很远的行星。

　　那么来计算一下阳光到达地球所需的时间吧。

　　太阳到地球的距离是1.5亿千米，光一秒内经过的距离是30万千米。求时间的公式是这样的：

$$时间=距离÷速度$$

　　也就是距离（1.5亿）除以速度（30万）得500！

　　所以太阳光到达地球要花500秒，也就是8分20秒。

咻咻……我1
秒内能走地
球赤道约7
圈半的周长
呢！是不是
很快啊？

我是光！从太
阳到地球只用8
分20秒。

光的实质

光的粒子说和波动说

"老师！到底光的实质是什么啊？怎么会这么快呢？"

教室因为做测光速的实验而闹哄哄的，但是正勋的好奇心并没有因此打住，还用力地皱眉。正勋有个习惯，遇到什么好奇的事，就会皱眉并认真思考。

"你认为光的实质是什么呢？"

正勋眨了几次眼这样回答："世界上的物质都是由我们看不到的小原子或电子构成的，所以光会不会也是非常小的颗粒呢？"

哦！正勋能想得那么深入，实在让我感到惊讶。正勋和科学家牛顿的想法是一样的，牛顿也认为光是由小的颗粒组成的。

"孩子们，听见正勋刚刚说的话了吗？光就像正勋想的一样，是能量颗粒。"

　　"哇，正勋真不愧是'万能小博士'啊。"

　　孩子们拍起手，还吹起了口哨。我继续讲关于光的故事。

　　"而且光还会像水波一样波动。"

　　"老师，那么光到底是颗粒还是波呢？"何妮问道。

　　"来，把手伸出来。我们能同时看见手心和手背吗？"

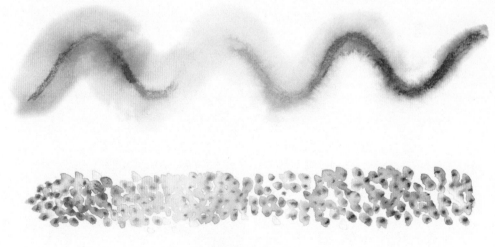

波和颗粒都是光。

孩子们把手翻来翻去地开始玩耍。

"不，不能同时看见，但两面都是我的手。"

有人给出了正确的答案。

"是啊，手背和手心都是手，光也一样。从某一方面来说光分明就是颗粒，但是从另一方面来看光又是波。能理解吗？"

几个孩子好像已经明白了，但是还有好多人不明白。

"用一句话是很难概括光的实质的。因为光有两面性。你们长大当上研究光的科学家之后，来找出准确答案吧。"

这堂课结束了。

要想学到新知识，就得有和别人不一样的想法。科学需要不断创新的思考，还要有为了找到答案认真研究的精神。

是谁提出光的粒子说和波动说的呢？

"光的粒子说"是1675年牛顿提出的。他认为光是由非常小的颗粒构成的。

"光的波动说"是17世纪由惠更斯首次提出的。他认为光是某种振动，以波的形式向四周传播。

还有，1865年叫麦克斯韦的科学家宣称，光是电磁波。

1905年，爱因斯坦宣称，光是非常小的能量颗粒。他因此获得了诺贝尔物理学奖。

从那以后，现代的物理学家们坚信光有粒子和波动两种性质，但是两种性质不会同时出现。

围绕地球的

力、磁和电

指向南面的推车

磁铁和磁

门外渐渐传来了嘈杂的上楼梯的声音，这么跑上来的肯定是敏基。

"哎哟，来得太早了！"

哈哈，我猜对了。敏基跑进教室看着挂在墙上的大钟不好意思地说。

"您好，老师。"

"怎么来得这么早啊？"

"嘿嘿，因为足球比赛结束得早。"

敏基把椅子挪过来坐在我旁边。

"老师，您是从小就想成为科学家的吗？"

"是啊，老师从小学四年级开始就想成为科学家了。"

"为什么啊？我想当足球运动员，也想当料理师，有时还想当歌星。想当的太多，不知要当什么了。和老师一起学习之后，又想当科学家了，嘿嘿。"

看着在旁边叽叽喳喳的敏基，我不由得想起自己的小时候。

中学时的历史老师促使我下定决心"长大后一定要当伟大的科学家"。为什么历史老师会让我想当科学家呢？哈哈。历史和科学是非常亲密的朋友。科学都写在历史中。

每次上课，历史老师都会给我们讲很多生动的故事。就连下课铃响了，我都不愿意下课。有一段时间我

还想当历史老师呢。

有一天，我从历史老师那儿听到了一个非常有趣的故事，就是有关中国古代的黄帝的故事。听了这个故事之后，我就下定决心，以后要成为科学家。

黄帝统一天下的时候，发生了一件非常令人头疼的事情。

"快去把那个蚩尤给我抓过来！"

黄帝下了好几次命令，但是大臣们却一无所获。

蚩尤到底是个什么样的坏人，连大臣们都抓不

到呢？

这个蚩尤无恶不作，愤怒的人们纷纷去追他，但是从他嘴里喷出的黑色的烟雾，让那些从后面追过来的人们分不清东西南北。趁这个机会，蚩尤就逃走了。黄帝非常焦虑。

"啊，就这么办！"

有一天，黄帝想出了一个好办法，决定要做一个指南车。指南车是什么呢？指南车就是指向南面的推车，黄帝认为只要在烟雾中不迷失方向就能抓到蚩尤。黄帝的想法是对的。因为有指南车，在浓烟中人们也没有迷失方向，最后终于抓到了蚩尤。

指南车是什么样子的呢？我也很好奇。可惜至今人们还不知道指南车是怎么制作的，长什么样。

还有一个故事可以更详细地说明指南车的作用。迎接国王的马车前面立起了一个大娃娃，大娃娃的手一直指向南方。因为娃娃是可以转动的，所以不管马车是向东走还是向北走，娃娃的手只会指向南方。

娃娃的手怎么会只指向南方呢？

秘密就在磁铁上，因为有了磁铁，娃娃起了指南针的作用。多亏这个可以指明方向的娃娃，国王的马车才不会迷失方向。

听过大人们把磁铁叫作"磁石"吧？是的，磁石是从指南车而来的名字。

欧洲在13世纪才发明了和指南车相似的东西。用木头做的鱼，里面装一块磁铁，放到水上。这样船在航海的时候就可以知道方向了。

这种鱼应该叫指南鱼吧？指向南方的鱼。

敏基似乎对我讲的故事非常感兴趣，拼命点头，还摸了摸桌上的磁铁，就像当初的我一样，深深陷入故事当中了。

"老师，太神奇了。那么指南针是什么时候发明的呀？"

"指南针是11世纪中国人发明出来的。相比人类的历史，也不是很久以前的事。"

"那为什么指南针总是指向北方或者南方呢？"

"那是因为地球本身就是个大大的磁铁。"

"那么如果跟着指南针一直往前走，是不是可以到达北极呢，老师？"

敏基一直问个不停。听了我的故事后，他的好奇心越来越强了。

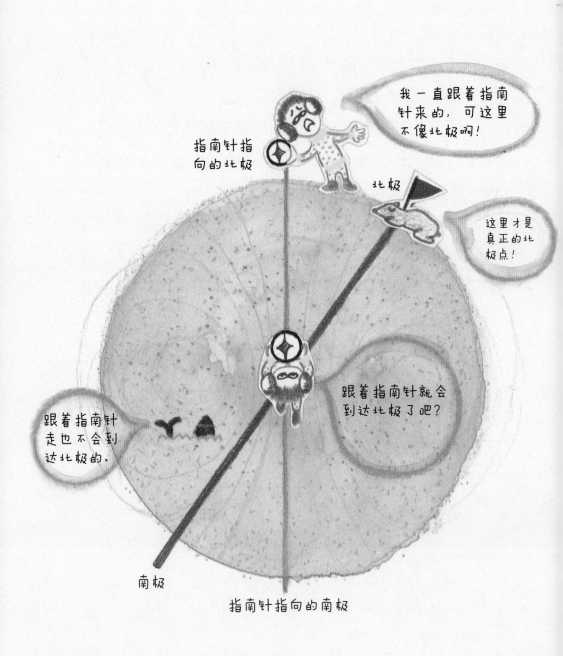

"这孩子，别着急嘛，耐心听我讲。想知道一直跟着指南针走会不会到北极，是吧？"

　　敏基迅速点了点头，想让我快点回答。

　　"很可惜，跟着指南针到不了真正的北极。真正的北极和磁铁指的北极是不一样的，相隔约3 000千米的距离。"

　　"好神奇，我没想到磁铁是这么有趣的东西。磁铁像宝箱一样，里面藏着很多有趣的故事。"

　　"哈哈，是吗？我也是因为磁铁才决定当科学家的。有关磁铁的故事实在是太神奇、太有趣了。"

　　"那么，我长大了也能成为科学家吗？"

　　"那当然了，一定会是个非常伟大的科学家。"

　　我轻轻地拍拍敏基的头。

跟着闪电上蹿下跳
闪电和电

哗……

外面突然下起了雷阵雨。

"孩子们马上就要来了。"

"哇！幸好我来得早，淋到雨的话就会成落汤鸡了。嘻嘻，看看谁先到。"

敏基好像要去看热闹，手插在腰上走向窗边。呵呵，这个淘气包。

轰隆隆！

雨越下越大，天空中还有咔嚓作响的闪电，雷声震耳欲聋。

"哦，老师，我害怕。"

站在窗台旁的敏基被吓到了，连忙向我跑来。

"孩子，雨进来了，快去把窗户关上。"

这时，孩子们陆续跑进教室了。果然个个都被大雨淋成了落汤鸡。

"哎，全湿透了。"

我找来干毛巾给孩子们擦擦。

何妮甩着头发说："老师，闪电是从云层里出来的吧。从云层能发出光，真是太神奇了。"

"告诉你们闪电是怎么形成的吧。云朵里有很多水滴和小冰块，它们之间互相碰撞发生摩擦就会带电。这样，上层的云会聚积带正电的颗粒，下层聚积带负电的颗粒，就像块巨大无比的电池一样。"

"哇！那么云就会通电了？"

"是的，就像你说的那样，云层中会流过相当大的电流，这个电流和空气发生碰撞就会产生光，也就是闪电。同时发出轰隆隆的巨响，就是雷。"

"我原本以为云是软绵绵的、温柔的，没想到还有这么大的脾气。哈哈！"

听了何妮的话，安静地擦着脸的银秀轻轻问："那么，被闪电电到会死吗？"

"银秀啊，从闪电中发出来的电是非常强的，比我们通常用的电强几万，不，几十万倍。"

"闪电的时候躲在树底下可以吗？"

"不行，绝对不行，这是非常危险的。"

我不知不觉地提高了嗓门。在教室里陆续弄干衣服的孩子们都向银秀跑过来了。

"为什么不能躲在树下啊？"

"孩子们，闪电更容易击到高的地方，所以躲到大树下面反而更危险。而且由于闪电喜欢铁质物，所以打雷的时候身上最好不要带铁质的东西，要注意。"

"但是高楼的顶部为什么会有尖尖的铁质物呢？"

"你说的是避雷针吧？避雷针是设在建筑物的最高处的，避雷针里的金属线和地面相连接，可以将电直接引导到地面。所以不管是多强的闪电，都不会使建筑物受到破坏，因为避雷针可以把闪电导入地面。以后要是打雷，就躲进带避雷针的高楼里面吧，那地方安全。"

"啊哈！避雷针是把闪电聚积然后送到地面的啊！"

这时窗外又划过了一道闪电。

招闪电引到地底深处，再强我也不怕。

143

发现电的人是谁呢？

　　首次发现电的人是古代希腊的哲学家达尔斯。他在用布擦琥珀的时候发现了一个奇怪的现象，那就是头发会粘在摩擦后的琥珀上面。这是人类最早发现的电，但是当时他认为这是因为藏在琥珀里的神的缘故。

　　用实验来证明摩擦生电的人，是16世纪末居住在英国的医学家吉尔伯特。

　　所有的物质都带有正电荷和负电荷，在通常情况下，因正电和负电中和，所以对外不显电性。但是如果发生摩擦，就会破坏均衡，正电或者负电就会变强，因此就带电了。物质也分导电的物质和不导电的物质。导电的物质叫导体，不导电的物质叫绝缘体。

　　18世纪，英国有个叫斯蒂芬·格雷的科学家。他因为好奇，把身边的东西都拿来做了实验，看看能不能导

电。做了实验之后，证明了铜、铁、银、地瓜、橘子等是导体，相反，橡皮、饼干、花生、玻璃等是绝缘体。

那么人是导体还是绝缘体呢？人的体内是存在电流的，人体是导体，所以才会发生触电事故，格雷为了证明这个事实，对一个少年做了实验，幸好那个少年平安无事。

制作电
诱导电流

"敏基，干吗呢？"

敏基用双手托着下巴望着窗外，怎么叫也不答应。

坐在旁边的孩子掐了一下敏基的腰，他才回过头来。

"啊，是！"

"想什么想得那么认真，叫你的名字也听不见啊？"

"老师，我觉得从磁铁中出来的磁和电有点儿像。磁铁有N极和S极，电有正极和负极。同性相斥、异性相吸的性质也一样，嗯……"

敏基陷入了很有趣的思考当中。

"如果想知道磁和电有没有相似之处，在需要磁铁的地方使用电会怎么样呢？"

"哇！真的想试一次。能用电的力来移动指南针吗？"

"让我们来试一下行不行啊？"

我把电线连到电池上，然后使指南针靠近。

"哇！"敏基惊讶得眼睛都睁大了。

"老师，指南针动了。看来我的想法是对的！"

"是啊，敏基想得很好。只是，有人已经做过这个实验了。"

"真的吗？有点失望啊。其实我也可以发现的。"敏基挥了一下握着拳头的右手，叹息着说。

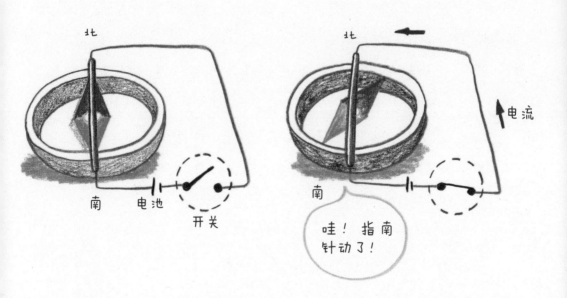

"呵呵，1820年奥斯特做了和我们刚才做的相同的实验。在丹麦当老师的奥斯特为物理实验做准备。当时，他把指南针靠近通电流的电线，发现指南针方向突然改变了。看到这种情况奥斯特目瞪口呆。在那之前，人们一直认为电和磁是没有关系的。"

如果敏基生得比奥斯特早，也许已经是科学史上的名人了。不过，敏基长大了或许能成为比奥斯特更伟大的科学家！

听着我的话，何妮猛地站了起来："老师，电可以使指南针运动，反过来，从磁铁那里可不可以得到电呢？"

来科学教室的孩子们非常聪明，都能举一反三。多么丰富的想象力啊！

"真是个好主意，何妮。那么来做一下何妮说的实验吧，看看是否真的能得到电。"

我把铜线整齐地缠绕在一个圆筒上，做了一个线圈，然后把电流计接到电线两端，如果有电流流过，电流计的指针就会动。

"好了，何妮，你来移动磁铁吧。"

何妮反复把磁铁放进和拿出线圈。

"啊！指针动了！"

"哇！是磁铁产生了电吧？"

看实验的孩子们纷纷议论了起来。

"那么这次来做一个相反的实验吧。"

我把磁铁放到桌子上面固定住，然后动了动圆筒形的线圈，反复把线圈靠近又拿开。这次，电流计的指针

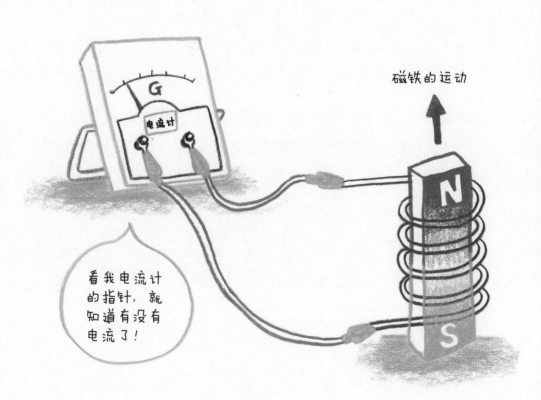

磁铁的运动

看我电流计的指针，就知道有没有电流了！

也动了。

"哇，真的像何妮说的一样！"

敏基高兴地鼓起了掌。何妮看着敏基也高兴地笑了。

"但是何妮，一位叫法拉第的科学家早就做过这个实验了。听了奥斯特的话，法拉第有了和何妮一样的想法，还在实验中得到灵感，发明了发电机。看来是敏基起了奥斯特的作用，何妮起了法拉第的作用了，哈哈。"

"敏基和何妮真不愧是天造地设的一对儿啊！"

正勋和其他孩子们一起笑着捉弄两个人。

"孩子们，学科学的时候，想象力是非常重要的。电和磁有可能相通，这个出人意料的想法让磁带来了电。你们也每天大胆想象一下吧，兴许也能当上伟大的科学家呢！"

我看着孩子们咯咯地笑了。

今天的课比以往任何时候都上得快乐。等这些孩子们长大了就可以一起分享科学的过去、现在和未来了吧！

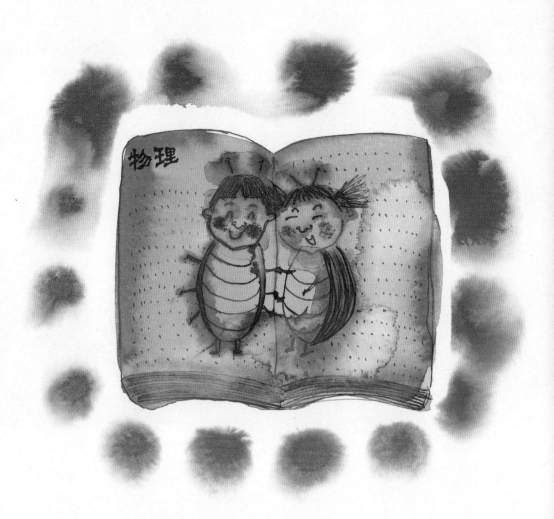

时间和空间
变得不一样

坐时光机来的多多
时间旅行

"您好，爱因斯坦爷爷，我叫多多。我是来和老师一起学习的。"

抬头向门口一看，有一个穿着银色运动服，怀里抱着一只猫的小女孩站在那里。我是第一次见这个孩子。

"哦，你叫多多是吧？名字很特别啊，你自己来的吗？"

"不是，是和猫咪一起来的。"

多多把猫咪抱过来给我看，真是个有趣的孩子。她是怎么知道我的昵称是爱因斯坦的呢？

多多似乎猜出我心里在想什么，微微对我笑了笑。

"听说来这里可以学好多科学知识，是吗？"

"是啊，看来多多也非常喜欢科学啊，自己都找到

153

这里来了。"

"不，不是很喜欢，但一定要和爱因斯坦爷爷一起学习。"

不喜欢科学，但还要跟我一起学习？多多真是个可爱而又有趣的孩子。

"好，那就一起学吧。今天的课已经结束了，下周再过来吧。"

"什么？下周？我要现在学！有个地方想带您一起去。快，快点儿！"

多多拉着我的手飞快地跑了起来。她力气大，脚步又快，我跟着她，跑得气喘吁吁的。我和多多到达的地方是后山的小山坡。

"哎哟，好累啊。为什么来到山坡上面啊？"

“快上去吧，上去了就知道了。”

“上、上哪儿啊？”我环顾着四周问道。

“哎呀，就是这儿。”

我看到了多多指的地方。

远处有个透明的物体进入我的眼帘。那是什么呢？我边想边揉眼，仔细地看着。

这怎么可能，那里立着一个只在照片上看过的飞碟。

“爷爷，我是从未来世界来到这里的多多，为了不引人注意，我乘坐透明的飞碟过来的。"

我吓了一跳，一屁股坐在草坪上。多多的猫咪轻轻舔了舔我的手背，我的心才平静下来。

"现在好点儿了吧？爷爷是因为对未来的世界不熟悉才会这样。我对过去可是非常熟悉的。像我一样学习不好的孩子们大部分都得回到过去，在这里学好了才能回到未来继续上学。虽然有点儿伤自尊心，但能学好知识啊。我已经是第二次来过去旅行了。哎！"

多多深深叹了口气，又开始叽叽喳喳了。

"我物理学得不好，所以想来找爷爷学物理，嘿嘿！除了我，还有几个孩子之前也和爷爷一起学习过，您不知道吗？"

我很惊讶！除了多多，还有从未来来的孩子们和我一起学习过，我都没有察觉到。

"真是令人惊讶啊。多多，你是来学什么的呢？"

"我想知道有关时间旅行的知识，未来的人们随意地穿梭时间旅行，但不知道原理是什么。爷爷，告诉我吧！"

多多转动着紫色的眼珠看着我，像是在催我赶快开始讲课，然后就朝飞碟跑过去了。

"爷爷，快来啊。在我的飞碟里面讲吧。猫咪，你就在这儿玩啊。"

　　多多带来的猫咪只顾在草地上玩耍。

　　"哇，真酷啊！能坐上飞碟简直就像在做梦。"

　　"来，出发了。只能开慢一点，因为过去的人是不能被带到未来的。"

　　多多的话音刚落，飞碟就以飞快的速度飞上了天空。

　　跟飞碟比起来，高速列车简直慢得跟蜗牛似的。

　　"哇！了不起。以这样的速度足以使时间变慢了。"

"那是什么意思？时间会变慢？"

多多看起来很是不理解。

"我们俩一起坐在飞碟上，感觉到的时间是一样的。但是，我们看飞碟外的猫咪的时候就会觉得猫咪的动作很慢。好好想想，从飞碟里看最高速列车会觉得它快吗？不会的。它不会向前行驶，反而会向后面行驶。"

"那么是在飞碟外面的人们的时间变慢了吧。因为对我们来说，时间是一样的。"

"哈哈。不是那样的。对飞碟外的猫咪来说，时间也是一样的。只是，飞碟在眨眼的瞬间就飞走了。"

"嗯？有点儿搞不懂。那么时间是杂乱无章的吗？"

多多因为听不明白，都开始挠头了。

"好好想想。在飞碟外面看我们飞得非常快，但我们却感觉不到什么变化。"

"那么在飞碟外面和飞碟里面感觉到的时间是一样的吗？"

"是啊，但是在飞得非常快的飞碟里面时间过得很慢，所以我们回去的时候猫咪可能已经老了。"

多多突然拍起手说："啊哈！我现在懂了。我知道为什么飞碟不能加速了。因为我用最快的速度开飞碟，再次回到地球的时候，猫咪有可能老死了。"

"哦，多多不像是来补课的啊，这么快就理解了。"

我又想起了重要的事。

"对了，还有一件事情要记住。速度快的话不只是时间，距离也会觉得不一样。坐飞碟移动的距离和在静止状态下用尺子量的距离是不一样的。"

多多量的球运动的距离　　　猫咪量的球运动的距离

"什么？距离会不一样？"

"是啊，因为运动得很快，所以就会觉得距离短。我们飞的时候量的距离和猫咪沿着飞碟走过的路量的距离是不一样的。也就是说，速度可以使我们觉得时间和空间相对来说不一样。"

"嗯，我知道是什么意思了。"多多点了点头。

"物理也挺有趣的嘛。我在未来世界学的物理特别难。"

"不过可以经常做时间旅行，还可以制造宇宙飞船，对物理的研究也比现在先进。"

我开始有点儿羡慕多多了。虽然想去未来世界看看，但因为是违反规律的事情，只好忍住了。

未来有没有出现比爱因斯坦还伟大的科学家呢？未来的人们有没有解出我们没能解出的科学原理呢？我想应该是会的吧，不然多多也不会来过去旅行了。

虽然对未来的世界很好奇，但是我觉得那些问题应该留给我的学生们来解答。我也要和孩子们一起认真学习。

"爷爷，您想什么呢？"

"啊，没想什么。"

多多看着我微微地笑了。

"现在要回到未来吗？"

"还不行，还有一个作业呢。您会帮我吧？"

"那是什么啊？"

"哎呀，光顾着学习都累了。先休息一会儿吧，嘻嘻！"

多多看着我笑了，然后跑到草坪上和猫咪一起玩耍。是啊，不管是什么世界，孩子都要快乐地成长。没有比亲近大自然更好的学习了。

猜猜会往哪边躲

量子论

"咳咳……"我总是干咳，应该是因为看到神奇的飞碟紧张的缘故，嘴里特别干。多多迅速跑进飞碟拿出了一瓶水。

"爷爷，喝了这个就会解除所有疲劳的，这是在未来世界中最有人气的水。"

我喝完水之后，多多提起剩下的作业。

"爷爷，像分子一样小的世界里，也就是微观世界中，经典的科学原理是不适用的，对吗？我还要学的就是有关微观世界的知识。"

"啊，你问的是量子论吧？"

"对，是量子论。"多多点了点头。

"来，看看这水。"我拿起水瓶给多多看。

162

"这水里有很多水颗粒。1毫升的水里有无数的水分子，它们互相碰撞，上蹿下跳，非常乱，就像不知会惹什么事的淘气包。"

"哈哈，分子们都是淘气包啊。"

"是啊，不只是分子，构成分子的原子也都是淘气包。原子和分子都是最不听话的孩子们。"

多多紫色的眼睛闪闪发亮。

"在'非常小的世界'里，我们不知道颗粒们会怎么运动。你越研究颗粒们的位置和运动，就越迷糊。"

　　"牛顿精确地计算出了速度的大小和方向不是吗？那为什么就不知道颗粒的运动呢？"多多晃着脑袋说。

　　"眼睛能看见的世界里发生的事情是符合经典物理法则的。但是在非常小的世界，也就是微观世界里，规律就不一样了。"

　　"那么我们没办法了解'非常小的世界'了吗？"

　　我吸了一口气，怎么说多多才容易理解呢？

　　"多多啊，不一定是那样的。听好了，如果想预测一个电子会飞向哪里，可以用概率来表示。向前运动的概率是30%，向旁边运动的概率是45%，向后运动的概率是25%。就用这样的方式。"

　　"唉，那只是推测，不是吗？"

　　"是啊，但如果不是一个电子而是很多，情况就会不一样了。"

　　"怎么不一样呢？"多多坐到我旁边问道。

　　"一滴水里也有很多电子颗粒。如果是100个电子，那么就可以认为向前运动的是30个，向旁边运动的是45个，向后面运动的是25个。所以，从统计的角度来

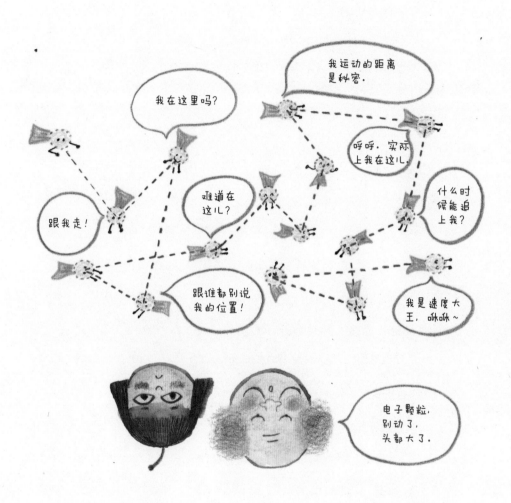

165

看，电子的运动方向是可以预测的。”

“嗯，不是一个，而是个数很多的时候，概率就会有意义，是这个意思吧？”

“是啊，就是那样。”

“爷爷，那为什么电子颗粒那么不听话呢？”多多问道。

“那个嘛，是因为电子在每一瞬间都会改变速度和位置。光和电子碰撞，电子的速度和位置就会改变。位置测定得越准确，速度测定得就越不准确；相反，速度测定得越准确，位置测定得就越不准确了。所以，要想准确测定出电子的位置和速度是不可能的，这就叫作‘不确定性原理’。”

“哇！看的瞬间就会改变，真的太神奇了。”

“或许你在看我的瞬间我也会变呢，而且我看你的瞬间你也会变的，是吧？”

“像量子论和相对论这样的现代科学，对科学成果和人类的想象力有很大的影响，对‘非常小的世界’的新发现改变了人们的思想。我好奇的是，多多生活的未来世界是不是还主张量子论。”

“哎呀，我物理学得不好，不太清楚，所以才会来补课。这次从爷爷这里学到了不少东西，回到未来世界之后一定会认真学习的。学得比爷爷更多的时候一定会再来的。"

"真的好期待啊，我一定会等你的。"

多多抱着猫咪在飞碟上向我挥手。

"爷爷，一定要健康啊！"

"嗯，小心点儿啊。"我也跟着挥了挥手。

这时听见有人叫我了。

"老师，您干吗呢？"

我睁开了眼。嗯？这不是我们的教室吗？落下书包的正勋回到教室把我叫醒了。

"啊，没什么。正勋啊，一起回家吧。"

我伸着懒腰站起来。刚刚见到多多的场景是梦吗？这时，我看见了放在桌上的眼熟的水瓶。

图书在版编目（CIP）数据

这就是物理 / （韩）金永玳著；千太阳译. -- 长春：吉林科学技术出版社，2020.1
（科学全知道系列）
ISBN 978-7-5578-5050-0

Ⅰ．①这… Ⅱ．①金… ②千… Ⅲ．①物理学－青少年读物 Ⅳ．①O4-49

中国版本图书馆CIP数据核字（2018）第187403号

吉林省版权局著作合同登记号：
图字 07-2016-4713

这就是物理 ZHE JIUSHI WULI

著	[韩]金永玳
绘	[韩]朴妙光
译	千太阳
出 版 人	李 梁
责任编辑	潘竞翔 赵渤婷
封面设计	长春美印图文设计有限公司
制 版	长春美印图文设计有限公司
幅面尺寸	167 mm × 235 mm
字 数	131千字
印 张	10.5
印 数	1-6 000册
版 次	2020年1月第1版
印 次	2020年1月第1次印刷

出 版	吉林科学技术出版社
发 行	吉林科学技术出版社
地 址	长春市净月区福祉大路5788号出版大厦A座
邮 编	130118
发行部电话 / 传真	0431-81629529　81629530　81629531
	81629532　81629533　81629534
储运部电话	0431-86059116
编辑部电话	0431-81629520
印 刷	长春新华印刷集团有限公司

书 号	ISBN 978-7-5578-5050-0
定 价	39.90元

如有印装质量问题　可寄出版社调换